中国烤烟香型区划

罗登山　主编

中国轻工业出版社

图书在版编目（CIP）数据

中国烤烟香型区划 / 罗登山主编 . — 北京：中国轻工业出版社，2021.12

ISBN 978-7-5184-3502-9

Ⅰ . ①中… Ⅱ . ①罗… Ⅲ . ①烤烟叶—研究—中国 Ⅳ . ① TS424

中国版本图书馆 CIP 数据核字（2021）第 092993 号

审图号：GS（2021）5783 号

责任编辑：张　靓　王宝瑶　　责任终审：白　洁　　整体设计：锋尚设计
策划编辑：张　靓　　　　　　责任校对：朱燕春　　责任监印：张　可

出版发行：中国轻工业出版社（北京东长安街6号，邮编：100740）
印　　刷：艺堂印刷（天津）有限公司
经　　销：各地新华书店
版　　次：2021年12月第1版第1次印刷
开　　本：710 × 1000　1/16　印张：9.75
字　　数：180千字
书　　号：ISBN 978-7-5184-3502-9　定价：88.00元
邮购电话：010-65241695
发行电话：010-85119835　传真：85113293
网　　址：http://www.chlip.com.cn
Email：club@chlip.com.cn
如发现图书残缺请与我社邮购联系调换
201295K1X101ZBW

本书编写人员

主　编　罗登山

副主编　乔学义　王　兵　谢雯燕　张云贵　周会娜

参　编　刘百战　李志宏　马宇平　熊　斌　范坚强

陈晶波　吴殿信　张朝平　赵瑞峰　刘晓晖

董顺德　赵震毅　高泽华　刘　强　徐　恒

刘萍萍　刘青丽

前言
PREFACE

中式卷烟以中国烟叶原料为基础，中国地域辽阔，不同产区生态环境差异较大，采后烟叶香气风格丰富多样，从产品配方需求出发，将全国烤烟划分为不同香型，对于实现中国烤烟区域专业化生产，提升烟叶原料工业利用水平，保障中式卷烟原料需求具有十分重要的意义。

二十世纪五十年代，丁瑞康、王承翰、朱尊权等老一辈科学家根据全国烤烟烟叶的香气特征，将中国烤烟划分为清香型、浓香型、中间香型三种类型，开启了中国烤烟香型研究的新纪元，在此后的六十多年中，三大香型一直是中国烤烟生产和卷烟产品配方设计与应用的重要依据。

随着我国经济社会高速发展，与20世纪50年代相比，现阶段中国烟叶生产布局、产量分布、种植技术已发生巨大变化，在“大市场、大企业、大品牌”的行业战略推进背景下，中式卷烟品类构建对烟叶原料风格多样化提出更高需求，工业企业对烟叶原料的利用已由粗放向精细转变。有必要在继承三大香型的基础上，进一步深化创新，以更好地指导全国烟叶生产与工业应用，支撑卷烟产品升级创新和可持续发展。

多年来，烟草行业在烟草农业、化学、生物技术、工艺等方面的有着长足的进步，尤其是2009年，国家烟草专卖局启动了特色优质烟叶开发重大专项，从烟叶特色的评价定位、形成机理、生产技术、工业化应用等方面对传统三大香型烤烟进行了深入研究，在烟叶质量和风格特色研究方面取得了大量科技成果，为系统解决制约烟叶发展的关键技术的瓶颈问题、开展全国烟叶香型区划提供了技术基础。

2013年，由国家烟草专卖局组织，郑州烟草研究院联合十多家卷烟工业企业、中国农业科学院农业自然资源与农业区划研究所等单位成立联合项目组，在继承三大香型研究成果基础上，开展全国烟叶香型区划研究工作，项目紧密围绕中式卷烟品牌原料需求，依据“特征可识别性、工业可用性、配方可替代性、产地典型性、管理可操作性”原则，从生态、化学、代谢、感官四个维度，对全国烤烟烟叶香气风格进行了全面、系统的评价、解析与验证，并将全国烤烟烟叶划分为西南高原生态区——清甜香型、黔桂山地生态区——蜜甜香型、武陵秦巴生态区——醇甜香型、黄淮平原生态区——焦甜焦香型、南岭丘陵生态区——焦甜醇甜香型、武夷丘陵生态区——清甜蜜甜香型、沂蒙丘陵生态区——蜜甜焦香型、东北平原生态区——木香蜜甜香型八大香型。

八大香型区划发布后，为了更详细地阐述香型区划研究的成果，更好地发挥区划成果在烟叶生产、工业原料利用中的指导作用，提升中式卷烟原料保障水平，特编写了本书。

由于编者水平有限，书中难免存在错误与不足之处，敬请读者批评指正。

编　者

目 录
CONTENTS

第一章
中国烤烟香型研究概述

中式卷烟以中国烤烟烟叶原料为基础，其香气构筑了中式卷烟产品独特、丰富的风格特征。深入研究中国烤烟烟叶香气特征，有针对性地构建烟叶育种、栽培、调制、加工、配方等覆盖全产业链的烟叶香气技术体系，对于满足我国高速增长的经济社会环境下消费者多样的需求具有十分重要的意义。

“香型”常用于描述某种香精或加香制品的整体香气类型或格调，用于烟叶香气特征描述时是指烟叶燃吸过程中，烟气所表现出的整体香气类型或格调。纵观我国烟叶生产、应用历史，烤烟香型研究大致经历了探索起步、拓展深化、继承创新三个阶段。

一、第一阶段：探索起步

二十世纪五十年代，为了替代美国进口烟叶，保障国产高档卷烟产品质量稳定，丁瑞康、王承翰、朱尊权等通过国内外烟叶质量综合比较，将国产烟叶划分为清香型、浓香型、中间香型三种类型（简称三大香型）。三大香型对应了当时国产高档卷烟配方中使用的三类美国烟叶香气特征：第一类烟叶具有浓郁的烤烟香味；第二类烟叶本身的烤烟香味不浓，但具有一种怡人的香气；第三类烟叶不仅本身烤烟香味浓郁，还具有怡人的香气。国产烟叶中第一类烟叶的数量较多，第二类的烟叶也有一些，但第三类烟叶不多。将国内第一类烟叶和第二类烟叶掺配使用，可替代美国烟叶。

在提出三大香型划分之后，为了更好地指导后续的卷烟配方、烟叶生产等相关工作，丁瑞康等进一步明确了三大香型定义，具体内容如下。

（1）清香型　清香又称甲型香，是一种突出的清香的香气，使人感到愉快优美，如昆明市、龙岩市永定区、龙岩市武平县邓坑村等品质较高、油分充足的烟叶中，清香型的香气显著突出。

（2）浓香型　浓香又称乙型香，是一种不突出的浓香的香气，香气普通而微弱，如许昌市、凤阳县等地的烟叶。

（3）中间香型　中间香型介于清香型与浓香型之间，是清香与浓香混合的香气，如青州市、滕州市、贵定县等地的烟叶。

三大香型是我国烤烟烟叶香气风格特征认识的开创性成果，满足了当时中国卷烟工业发展的需求，在较长的一段时期内成为了指导我国烟叶生产、卷烟配方的主要理论依据。然而，由于其是在特定历史背景条件下的产物，当时中国的经济和科技等发展水平还较薄弱，烤烟三大香型也具有明显的时代特征，存在历史的局限性，例如，烟叶香型的划分主要依据感官经验，香型特征的描述主要采用诸如“浓郁”“怡人”“愉快优美”等主观感受的词语，界定不清晰，在准确理解、指导实际操作方面存在一定难度。

二、第二阶段：拓展深化

二十世纪六七十年代，随着我国新烟区的发展以及烟叶香气特征研究的深入，三大香型进一步“细化”，增加了由浓香型、清香型向中间香型过渡的浓偏中、中偏浓、中偏清、清偏中、浓带清等一系列中间类型。二十世纪九十年代由于全国烟叶烟碱含量的普遍提高，烟味浓度的增大，又有了浓透清类型。

2009年，国家烟草专卖局启动了特色优质烟叶开发科技重大专项，从全国烟叶特色评价与定位、生态机理、化学基础和代谢基础，以及彰显特色的栽培技术、工业化应用等层次深入系统研究三大香型。通过该专项的实施，在全国烟叶特征评价方面，制定了烤烟烟叶质量风格特色感官评价方法，界定了三大香型的主体香韵构成和特征，揭示了三大香型风格的内涵。在烟叶特色定位方面，对浓、中、清三大香型做了进一步细分，例如，中间香型将烟叶产地划分为武陵山区、贵州中部产区、秦巴山区、山东产区、东北产区等不同香型风格区；清香型烟叶产区划分为典型清香型产区、较显著清香型产区、尚显著清香型产区、似清香型产区。

三大香型的细分拓展深化了全国烟叶香型风格特征的认识，丰富了三大香型的内涵，在推动全国产区烟叶针对性生产、卷烟配方的个性化发展等方面发挥了重要作用。然而，由于各项工作仍是以三大香型为前提展开，研究结论仍停留在三大香型的框架之内，存在一定的局限性。

三、第三阶段：继承创新

2013年，国家烟草专卖局组织郑州烟草研究院和十多家卷烟工业企业与中国农业科学院农业自然资源与农业区划研究所等成立联合项目组，在继承三大香型研究成果基础上，遵循“以生态为基础、以香韵为依据、以化学成分和物质代谢为支撑”的技术路径，依据“特征可识别性、工业可用性、配方可替代性、产地典型性、管理可操作性”的区划原则，紧密围绕中式卷烟品牌原料需求，从生态、化学、代谢、感官四个维度，全面、系统地评价分析全国各植烟区烟叶特征。经过连续多年的评价、分析和交叉验证，以及科研、管理、应用等多层面的意见征求与修订完善，最终完成了全国烟叶香型风格区划，将全国烤烟烟叶划分为西南高原生态区——清甜香型、黔桂山地生态区——蜜甜香型、武陵秦巴生态区——醇甜香型、黄淮平原生态区——焦甜焦香型、南岭丘陵生态区——焦甜醇甜香型、武夷丘陵生态区——清甜蜜甜香型、沂蒙丘陵生态区——蜜甜焦香型、东北平原生态区——木香蜜甜香型八大香型。

八大香型区划体系通过区划方法、原则等的创新，将主要依靠经验的香型划分，上升到区划层面，系统揭示了符合中式卷烟原料需求的全国烟叶香型及特征，明确了各香型烟叶的产地分布，为今后一段时期全国烟叶生产和工业利用指出了方向，对于中式卷烟发展的原料保障具有里程碑式的意义。

第二章 中国烤烟香型风格区划原则和评价方法

第一节　烤烟香型风格区划的基本原则

烤烟香型风格区划，首先要考虑中式卷烟配方原料需求，也要考虑与烟叶香型风格形成密切相关的生态环境和烟叶品种、栽培技术、成熟度等诸多关键因素。因此，全国烤烟香型风格区划工作开展过程中，紧密围绕着中式卷烟配方原料需求，遵循了“以生态为基础、以香韵为依据、以化学成分和物质代谢为支撑”的技术路径，依据了“特征可识别性、工业可用性、配方可替代性、产地典型性、管理可操作性”的区划原则，其中区划原则的主要内容如下。

（1）特征可识别性　香型特征明显，能够被大多数调配、检测等技术人员识别与区分。

（2）工业可用性　香型风格区划要体现中式卷烟“大品牌”发展的原料需求，选择在地域上具有一定规模、在时间上保持稳定、有独特的生态环境作为支撑的香气风格类型。

（3）产地典型性　香型风格区域定位、生态、化学和代谢等研究追求产地及烟叶样品的典型性，弱化产地分布及烟叶样品的代表性。

（4）配方可替代性　同一香型风格区内的不同产地烟叶香型风格主体特征相对一致，在卷烟配方中具有可替代性，利于指导卷烟工业原料采购与配方使用。

（5）管理可操作性　香型风格区划不仅考虑产地烟叶香型风格特征，也综合考虑产地行政区划、产业化基础、品种选育以及栽培调制技术等历史因素，利于烟叶生产、工业企业原料调拨等管理操作。

第二节　烤烟香型风格区划的烟叶样品

全国烤烟烟叶香型风格区划工作开展过程中，用于感官评价、化学成分、物质代谢等检测的烟叶样品，统一由各省行业公司按照《中国烟叶公司关于印发特色优质烟叶开发重大专项烟叶样品管理办法的通知》（中烟叶生〔2011〕23号）中的《特色优质烟叶开发重大专项烟叶样品管理办法》进行取样。

1．烟叶样品的选择

（1）优选典型产地烟叶样品，重点选择传统植烟优势区（环境资源优良、烟叶质量较好且稳定、生产规模较大、栽培管理技术措施规范等）产地的烟叶样品，不考虑烟叶种植“不适宜区”产地的烟叶样品。以全国植烟区“大生态”研究结果为基础，不同生态区均应选择典型产地，以涵盖各种典型生态特征，从而反映不同生态环境条件可能存在的烟叶香型风格特征差异。

（2）用于感官评价、化学成分检测的烤后烟叶样品等级选择C3F，主要原因在于C3F等级烟叶香气风格特征突出，品质特征较好，配伍性较强，原料收购比例较高，在中式卷烟产品叶组配方香气风格构成中发挥着主导作用；其次，同一植株不同部位烟叶感官质量风格存在规律性变化，在明确中部烟叶香型风格特征基础上，可推知其上部、下部烟叶风格特征。

（3）烟叶品种选择当地主栽品种，以更客观地反映当地烟叶生产、工业需求现状。

（4）至少连续收集3年的烟叶样品进行化学成分检测比较，通过年份间的重复性考察，提高烟叶香型风格特征化学研究结果的准确度和可靠性。

（5）用于代谢物检测的鲜烟叶样品收集按照叶位采集，在烟叶成熟期，取第十叶位，每相邻3株烟叶合并为一个样品，每个地点每个品种设6个生物学重复。

2．烟叶样品的制备

（1）烤烟烟叶香型风格感官评价样品制备参照《特色优质烟叶感官评价样品制备技术要求》，主要技术参数和要求如下：片烟或叶丝回潮、干燥温度<40℃，切丝宽度1.0mm ± 0.1mm；卷烟材料使用50 ~ 60cm³/（min · cm²）的非快燃卷烟纸，烟支物理质量指标符合GB 5606.3—2005要求；样品保存在-6 ~ 0℃的低温环境中。

（2）用于代谢物检测的鲜烟叶，需在样品采集后，马上用液氮冷冻，保存于-70℃环境中进行运输和储藏。

第三节　烤烟烟叶香型风格感官评价方法

二十世纪五十年代，三大香型的提出开创了我国烤烟烟叶香气风格评价与划分的先河，对我国烟叶原料的工业利用产生了深远影响。随着我国卷烟市场、烟叶生产及烟草科技快速发展，三大香型在不同生态区烟叶原料的香气风格特征评价中，尤其是在满足现阶段中式卷烟发展对于多样化原料特征的描述与定位方面渐显不足。因此国内卷烟工业企业、烟草科研机构等，在烤烟烟叶香型风格感官评价方法方面逐步开展了一些探索研究工作，例如，采用三大香型的中间类型（清偏中、中偏清等）描述烟叶香气风格；引入日化、食品等领域的香气风格描述方法，采用香韵指标进行描述。然而，从中式卷烟配方需求出发，究竟哪些特征可以列入烤烟烟叶香气风格的评价指标，用于评判烟叶质量，指导烟叶生产与利用，始终未给出明确答案。

2009年，郑州烟草研究院联合贵州中烟工业有限责任公司、河南中烟工业有限责任公司、福建中烟工业有限责任公司、湖北中烟工业有限责任公司、上海烟草集团有限责任公司、浙江中烟工业有限责任公司、山东中烟工业有限责任公司、湖南中烟工业有限责任公司、江苏中烟工业有限责任公司、广东中烟工业有限责任公司、安徽中烟工业有限责任公司、云南中烟工业有限责任公司十二家工业企业以及华宝香精股份有限公司、上海牡丹香精香料有限公司成立项目组，开始研究烤烟烟叶质量风格特色感官评价方法。

该项目组提出了“以香型为基础、以香韵为依据、以烟气和口感为补充”的基本原则，“以香型为基础”即继承前人研究成果，深入研究三大香型内涵，在此基础上进一步深入分析不同生态区烟叶香型特征；“以香韵为依据”即采用有明确代表对象，可操作性、重复性更强的香韵指标描述烟叶香型风格；“以烟气和口感为补充”即在香型、香韵基础上，补充烟气、口感等品质指标，以全面地评价烟叶质量。

依据起草的烤烟烟叶质量风格特色感官评价方法，由全国评烟委员会委员

组成的感官评价小组，对全国不同生态区烟叶感官质量风格特征进行了系统评价分析，并依据评价结果，揭示了三大香型的内涵。其中浓香型是在烤烟本香（干草香）的基础上，以焦甜香、木香、焦香、坚果香、辛香等为主体香韵的烤烟香气特征，焦甜香韵突出（图2–1）；清香型是在烤烟本香（干草香）的基础上，具有以清甜香、青香、木香、辛香等为主体香韵的烤烟香气特征，清甜香韵突出（图2–2）；中间香型是在烤烟本香（干草香）的基础上，具有以正甜香、木香、辛香、青甜香等为主体香韵的烤烟香气特征，正甜香韵突出（图2–3）。

在明确三大香型内涵的基础上，烤烟烟叶质量风格特色感官评价方法再经

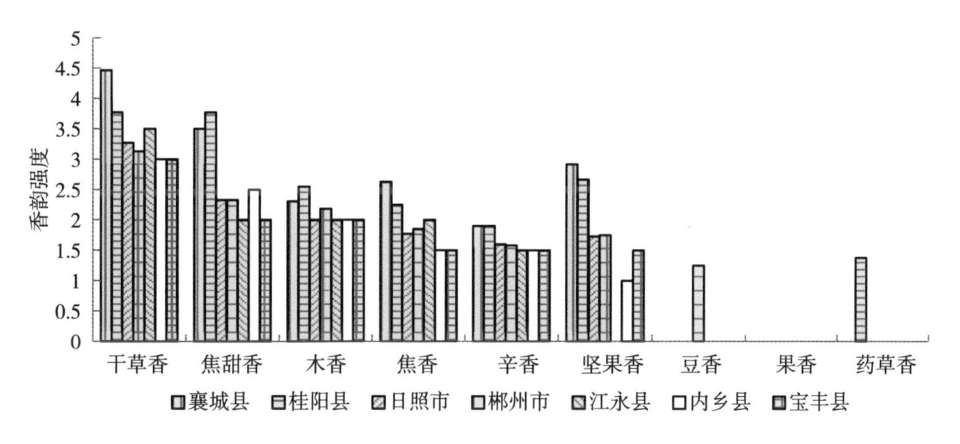

图2–1　典型产地浓香型烟叶主体香韵强度

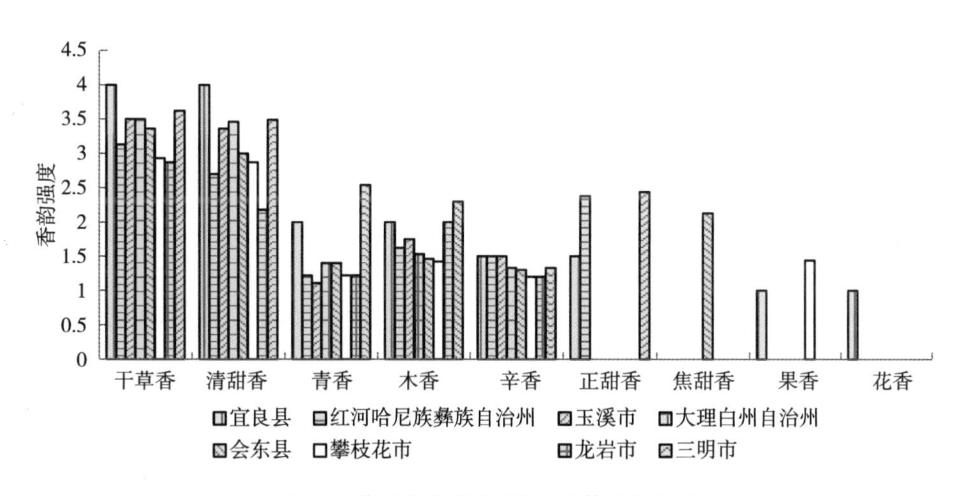

图2–2　典型产地清香型烟叶主体香韵强度

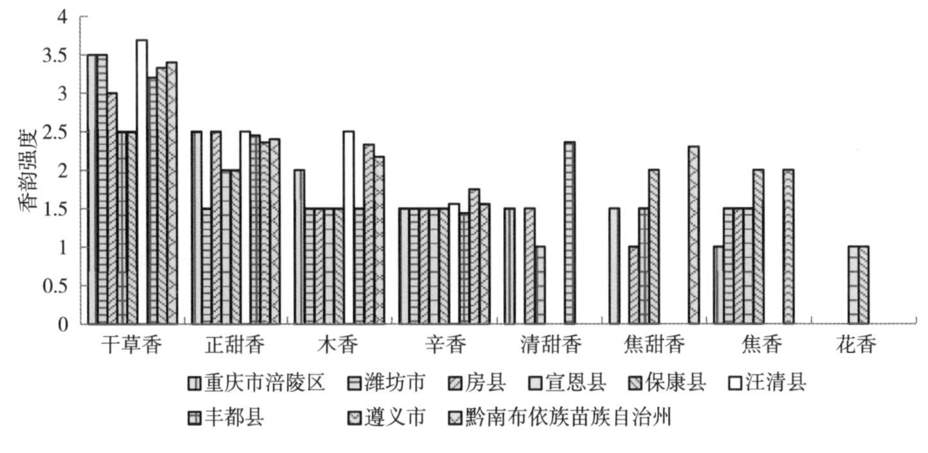

图2–3 典型产地中间香型烟叶主体香韵强度

过适用性、可操作性、重复性、再现性等多个角度反复验证与修订，最终形成了烟草行业用于烟叶质量风格特色感官评价的方法标准（YC/T 530—2015）。从评价指标来看,《烤烟 烟叶质量风格特色感官评价方法》（YC/T 530—2015，以下简称《评价方法》）主要包括风格特征和品质特征两大类（表2–1），其中风格特征指标包括18种香韵、烟气浓度和劲头，品质特征指标包括香气特性（香气质、香气量、透发性和9种杂气）、烟气特性（细腻程度、柔和程度和圆润感）和口感特性（干燥感、刺激性和余味）。

在评价标度设定方面,《评价方法》采用5分制整数标度方法（表2–1），且将评分标度划分为0～1，2～3、4～5三个区间（表2–2和表2–3）。相比传统的10分制、9分制、3分制等评分标度方法，5分制的标度易于操作，且能够区分不同质量风格烟叶特征差异。

为便于不同种类香韵、杂气的掌握与应用,《评价方法》给出了香韵和杂气感官参比样品（表2–4）。通过参比样品的嗅辨训练，评吸员可以快速掌握各种不同香韵、杂气特征，提高烟叶感官评价的准确性和重复性。

在评价样品制备方法方面,《评价方法》给出了特色优质烟叶样品的制备方法，包括样品处理、样品卷制、样品保存、样品使用方法等步骤。采用该方法制备出的卷烟样品，能够较好地保持烟叶感官质量风格特征。

在评级数据统计方面,《评价方法》采用了有效标度的方法，即对于香韵、杂气指标，当标定人数达到评吸员总数1/2以上，视为有效标度，指标得

表2-1 烤烟烟叶质量风格特色感官评价表

样品编码:				
项目	指　标			评分标度
风格特征	香韵		干草香	0[ ] 1[ ] 2[ ] 3[ ] 4[ ] 5[ ]
			清甜香	0[ ] 1[ ] 2[ ] 3[ ] 4[ ] 5[ ]
			蜜甜香	0[ ] 1[ ] 2[ ] 3[ ] 4[ ] 5[ ]
			醇甜香	0[ ] 1[ ] 2[ ] 3[ ] 4[ ] 5[ ]
			焦甜香	0[ ] 1[ ] 2[ ] 3[ ] 4[ ] 5[ ]
			青　香	0[ ] 1[ ] 2[ ] 3[ ] 4[ ] 5[ ]
			木　香	0[ ] 1[ ] 2[ ] 3[ ] 4[ ] 5[ ]
			酸　香	0[ ] 1[ ] 2[ ] 3[ ] 4[ ] 5[ ]
			豆　香	0[ ] 1[ ] 2[ ] 3[ ] 4[ ] 5[ ]
			坚果香	0[ ] 1[ ] 2[ ] 3[ ] 4[ ] 5[ ]
			烘焙香	0[ ] 1[ ] 2[ ] 3[ ] 4[ ] 5[ ]
			焦　香	0[ ] 1[ ] 2[ ] 3[ ] 4[ ] 5[ ]
			辛　香	0[ ] 1[ ] 2[ ] 3[ ] 4[ ] 5[ ]
			果　香	0[ ] 1[ ] 2[ ] 3[ ] 4[ ] 5[ ]
			药草香	0[ ] 1[ ] 2[ ] 3[ ] 4[ ] 5[ ]
			花　香	0[ ] 1[ ] 2[ ] 3[ ] 4[ ] 5[ ]
			树脂香	0[ ] 1[ ] 2[ ] 3[ ] 4[ ] 5[ ]
			酒　香	0[ ] 1[ ] 2[ ] 3[ ] 4[ ] 5[ ]
	烟气浓度			0[ ] 1[ ] 2[ ] 3[ ] 4[ ] 5[ ]
	劲　头			0[ ] 1[ ] 2[ ] 3[ ] 4[ ] 5[ ]
品质特征	香气特性		香气质	0[ ] 1[ ] 2[ ] 3[ ] 4[ ] 5[ ]
			香气量	0[ ] 1[ ] 2[ ] 3[ ] 4[ ] 5[ ]
			透发性	0[ ] 1[ ] 2[ ] 3[ ] 4[ ] 5[ ]
		杂气	青杂气	0[ ] 1[ ] 2[ ] 3[ ] 4[ ] 5[ ]
			生青气	0[ ] 1[ ] 2[ ] 3[ ] 4[ ] 5[ ]
			枯焦气	0[ ] 1[ ] 2[ ] 3[ ] 4[ ] 5[ ]
			木质气	0[ ] 1[ ] 2[ ] 3[ ] 4[ ] 5[ ]
			土腥气	0[ ] 1[ ] 2[ ] 3[ ] 4[ ] 5[ ]
			松脂气	0[ ] 1[ ] 2[ ] 3[ ] 4[ ] 5[ ]
			花粉气	0[ ] 1[ ] 2[ ] 3[ ] 4[ ] 5[ ]
			药草气	0[ ] 1[ ] 2[ ] 3[ ] 4[ ] 5[ ]
			金属气	0[ ] 1[ ] 2[ ] 3[ ] 4[ ] 5[ ]
	烟气特性		细腻程度	0[ ] 1[ ] 2[ ] 3[ ] 4[ ] 5[ ]
			柔和程度	0[ ] 1[ ] 2[ ] 3[ ] 4[ ] 5[ ]
			圆润感	0[ ] 1[ ] 2[ ] 3[ ] 4[ ] 5[ ]
	口感特性		刺激性	0[ ] 1[ ] 2[ ] 3[ ] 4[ ] 5[ ]
			干燥感	0[ ] 1[ ] 2[ ] 3[ ] 4[ ] 5[ ]
			余　味	0[ ] 1[ ] 2[ ] 3[ ] 4[ ] 5[ ]
总体评价	风格特征描述			
	品质特征描述			
评吸员:				日期:　年　月　日

表2-2　　风格特征指标评分标度

指标	评分标度					
	0	1	2	3	4	5
香　韵	无至微显		稍明显至尚明显		较明显至明显	
烟气浓度	小至较小		中等至稍大		较大至大	
劲　头	小至较小		中等至稍大		较大至大	

表2-3　　品质特征指标评分标度

指标		评分标度					
		0	1	2	3	4	5
香气特性	香气质	差至较差		稍好至尚好		较好至好	
	香气量	少至微有		稍有至尚足		较充足至充足	
	透发性	沉闷至较沉闷		稍透发至尚透发		较透发至透发	
	杂　气	无至微有		稍有至有		较重至重	
烟气特性	细腻程度	粗糙至较粗糙		稍细腻至尚细腻		较细腻至细腻	
	柔和程度	生硬至较生硬		稍柔和至尚柔和		较柔和至柔和	
	圆润感	毛糙至较毛糙		稍圆润至尚圆润		较圆润至圆润	
口感特性	刺激性	无至微有		稍有至有		较大至大	
	干燥感	无至弱		稍有至有		较强至强	
	余　味	不净不舒适至欠净欠舒适		稍净稍舒适至尚净尚舒适		较净较舒适至纯净舒适	

表2-4　　香韵与参比样品对照表

香　韵	代表性物质	参比样品
干草香	干草	黄花草油
		山莸油
清甜香	烤烟	烤烟提取物
	—	云烟（精）油
	—	大马酮
蜜甜香	蜂蜜	乙酸苯乙酯
醇甜香	—	酒酿提取物
焦甜香	焦糖	乙基麦芽酚
	烘烤	甲基环戊烯醇酮

续表

香韵	代表性物质	参比样品
青香	青香	乙缩醛
	叶香	叶醇
果香	柑橘	甜橙油
	覆盆子	覆盆子酮
	苹果	乙酰乙酸乙酯
	菠萝	己酸烯丙酯
辛香	茴香	茴香脑
	桂皮	桂醛
	丁香	丁香酚
	姜	姜油
	胡椒	胡椒油
木香	柏木	柏木油
	松木	松针油
	檀香木	檀香油
药草香	—	芹菜籽油
	—	独活酊
	百里香	百里香酚
	薄荷	薄荷脑
豆香	豆香	二氢香豆素
坚果香	榛子	榛子香精
	核桃	二甲基代对苯二酚
	杏仁	苯甲醛
焦香	熏香	焦木酸
	焦油	刺柏焦油
	—	桦焦油
花香	玫瑰	苯乙醇
	薰衣草	薰衣草油
	茉莉	乙酸苄酯
	香紫苏	香紫苏油
	紫罗兰	甲位紫罗兰酮
树脂香	脂肪酸	苯乙酸
	香脂香	桂酸桂酯
	苏合香	苏合香香膏
酒香	威士忌	杂醇油
	朗姆酒	朗姆醚
	白酒	己酸乙酯

表2-5　杂气与参比样品对照表

杂气种类	代表性物质	参比样品
青杂气	青气	十一烯醛
	醛香气息	己醛
生青气	—	女贞醛
枯焦气	—	2—甲基萘
木质气	苯酚气息	愈创木酚
土腥气	土壤气息	1—辛烯—3—醇
	鱼腥气	三甲胺
松脂气	肥皂气息	十一醛
	油脂气息	亚油酸乙酯
花粉气	—	鸢尾凝脂
	—	金合欢净油
	—	海风醛
药草气	鼠尾草	鼠尾草油
	冬青	柳酸甲酯
金属气	—	玫瑰醚
	—	柑青醛

分仅统计有效标度值；对于其他评价指标，所有评吸员的评价结果均有效。各指标结果统计按照有效标度的加权平均计算求得。

第四节　烤烟烟叶香型风格生态评价方法

一、影响烤烟烟叶香型风格的生态因子分析

烤烟烟叶香型风格的影响因子主要包括生态因子、品种和栽培，生态因子包括气候、土壤和地形地貌，其中气候是最大的影响因子。理由是：①同一个品种，如K326，在云南省玉溪市江川区种植时烟叶风格表现为清香型，在河南省襄城县种植时烟叶风格表现为浓香型，贵州省遵义市种植时烟叶香型风格表现为中间香型，以此推断品种不是烟叶风格的最大影响因子。②1953年，朱

尊权院士提出福建省龙岩市永定区和云南省宜良县的烟叶风格为清香型、贵州省贵定县的烟叶风格为中间香型、河南省襄城县烟叶风格为浓香型，多年来，烟草品种和栽培技术发生了巨大的变化，这些区域的烟叶风格依然保留有三大香型风格，可以推断品种和栽培技术均不是香型风格的最大影响因子。③土壤因子包括土壤物理、土壤化学、土壤生物，土壤因子中对烟叶香型风格影响较大的包括土壤质地和土壤有机质。同一烟叶风格产区，几乎能包含土壤质地和土壤有机质含量的全部范围，以此推断土壤不是烟叶风格最大的影响因子。④海拔高度和地形地貌主要影响光、热、水资源的分配，对烟叶风格的影响可以通过气象因子表达。

二、烟叶香型判别方程的构建

烟叶香型风格定量评价需要完整、可靠的基础数据支撑，现有香型风格认知和数据中，只有清香型、浓香型和中间香型数据满足需求，本研究以烟叶清香型、浓香型和中间香型的认知和产地气候为基础建立评价模型，拓展三大香型评价模型，进行烤烟烟叶香型风格的生态分区。

1. 气象数据来源及数据项

气象数据来源于中国气象局和云南省、贵州省、河南省等烤烟产区的烟草公司，共1067个气象站点。气象数据为1980—2010年的数据平均值，数据项包括平均气温、降雨量、日照时数和相对湿度等。

2. 用于建立判别方程的烤烟香型典型区域

烤烟烟叶清香型、浓香型和中间香型的典型产地由河南中烟工业有限责任公司、上海卷烟厂、云南红塔集团有限公司、湖北中烟工业有限责任公司、湖南中烟工业有限责任公司、福建中烟工业有限责任公司等评吸专家确定，最终认定35个清香型、浓香型和中间香型烟叶的典型产地，具体见表2-6。

3. 数据定义和预处理

在作物的种植区划、生态区划、品质区划中，气候是关键的评价要素，气候对烤烟烟叶香气前体物含量变异的贡献率超过50%，气象因子对烤烟香型风格起主导作用。

气象数据时间范围：云南省、贵州省、四川省、湖北省、重庆市、山东省、河南省、辽宁省为5～9月，安徽省为4～8月，湖南省为3～7月，福建省和

表2-6　　清香型、浓香型、中间香型烤烟典型产地

香型	产地
浓香型	河南省襄城县、郏县 安徽省芜湖市、宣城市 湖南省桂阳县、江华瑶族自治县 江西省信丰县 广东省南雄市 广西壮族自治区富川瑶族自治县
中间香型	贵州省遵义市、贵定县、黔西 山东省诸城市、蒙阴县 重庆市巫山县、彭水苗族土家族自治县 辽宁省宽甸满族自治县 湖北省咸丰县、宣恩县、房县 黑龙江省宁安市
清香型	福建省宁化县、南平市建阳区、龙岩市永定区 云南省玉溪市江川区、罗平县、宣威市、弥渡县、禄丰市、弥勒市、宁洱哈尼族彝族自治县、临沧市临翔区 四川省会理市、会东县、米易县

广东省为2～6月。为表述方便，大致依据烤烟生育期定义：移栽后第1个月为移栽至伸根期，第2个月为旺长期，第3个月为成熟前期，第4个月为成熟中后期，第5个月为成熟后期，分别对应云南省的5月、6月、7月、8月和9月；数据项包括平均气温、降雨量、日照时数、相对湿度，4个数据项和5个时期，共20个变量因子。

将20个变量因子的数据分布进行正态分布的Kolmogorov–Smirnov检验，满足正态分布的显著水平值小于20%，数据总体服从近似正态分布，可以进行逐步判别分析。

4．判别分析方法

判别分析是一种多元统计分析方法，根据已知类别的训练样本建立判别函数，用以判别未知样品的类型，常用来进行品种鉴别、社群划分、疾病识别、品质类型判定等。逐步判别分析是一种应用广泛的判别分析方法，对训练样本的数据要求服从近似正态分布，其计算过程为，对不同数据总体分别计算均值向量，两个数据总体进行比较时构建F统计量，均值向量差异显著则为不同类

型，不显著则来源于同一类型，引入变量的F统计量显著水平设置为0.15，即两个变量来源于同一总体的概率必须小于15%。用于判别的观测数据变量对区分不同总体的判别能力可能很强，也可能很弱，不加区分地引入判别函数可能构造出病态判别函数，引入或移走数据变量增强判别函数的判别能力是该方法的特征。引入或移走数据变量的原则为：增加一个数据变量时，如果函数的判别能力得到增强，则引入该变量；不能增强判别函数的判别能力，则移走该数据变量，最终使判别函数的判别能力最大化。

5. 判别方程

以烤烟不同生育期的气象因子作为变量，典型产地所在地气候条件作为训练样本数据，采用逐步判别分析方法，建立清香型、浓香型、中间香型判别方程，判别方程对应的函数系数如表2-7所示，判别方程如下：

清香型：$Y=-803.9-9.674X_1+2.934X_2+0.102X_3+0.051X_4-3.419X_5+11.586X_6+11.831X_7+3.955X_8+0.050X_9-3.452X_{10}$

中间香型：$Y=-895.9-8.228X_1+1.383X_2+0.036X_3+0.019X_4-5.880X_5+14.543X_6+12.018X_7+5.204X_8+0.061X_9-4.573X_{10}$

浓香型：$Y=-787.8-7.501X_1+1.890X_2+0.002X_3+0.018X_4-4.528X_5+11.670X_6+6.212X_7+9.602X_8+0.099X_9-3.530X_{10}$

表2-7　　判别函数系数表

变量	变量代码	清香型	浓香型	中间香型
常数项	—	−803.939	−787.793	−895.857
成熟中后期温度	X_1	−9.674	−7.501	−8.227
成熟后期温度	X_2	2.934	1.890	1.383
旺长期日照	X_3	0.102	0.002	0.036
成熟后期降水	X_4	0.051	0.018	0.019
旺长期温度	X_5	−3.419	−4.528	−5.880
成熟前期温度	X_6	11.586	11.670	14.543
旺长期湿度	X_7	11.831	6.212	12.018
成熟前期湿度	X_8	3.955	9.602	5.204
成熟中后期日照	X_9	0.050	0.099	0.061
移栽伸根湿度	X_{10}	−3.452	−3.530	−4.573

三、香型判别方程可靠性检验

从回判检验、新评吸样本鉴定两方面检验香型判别方程可靠性。

1. 回判检验

以同一组数据的清香型（F1）和浓香型（F2）的*Y*值做图2–4。从图2–4可以看出，训练样本建立的判别方程能够很好地分组，清香型、中间香型和浓香型样本被分为3组，其中有1个训练样本原定义为中间香型，判别方程计算结果为浓香型，判别方程的回判正确率为97.1%，表明判别方程可靠，同时也表明训练样本的清香型、中间香型和浓香型分类合理。

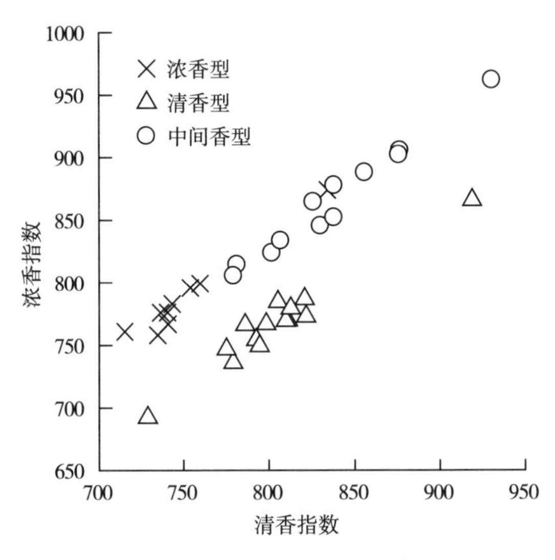

图2–4　训练样本香型的交叉检验图

2. 新评吸样本的判别方程可靠性检验

用于检验的480个样品（等级C3F），来源于云南省、贵州省、河南省等18个省、市、自治州（自治区）共137个烤烟生产地，由中国烟草总公司郑州烟草研究院组织专家进行香型评吸。将判别方程计算的烟叶样品香型与评吸结果相比较，共有416个样品判定结果一致，仅香型分界线附近的产地样品存在差异，判别方程与评吸香型符合率为86.7%，表明烤烟香型判别方程实用性较强，在实际烤烟香型判别过程中具有较强可操作性。

四、影响烟叶香型风格的关键生态因子

根据香型风格判别方程计算结果，在温度、日照时数、降水和相对湿度四个气象因子中，温度对烤烟香型判别贡献最大，其次为日照时数。温度、日照时数、降水和相对湿度占总气象因子的累积贡献率分别为74.8%，15.6%，7.2%，2.4%。对香型影响最大的前5个气候因子分别是成熟前期温度、旺长期温度、成熟后期温度、成熟中后期日照和成熟后期日照，对香型分异的贡献率分别为37.19%，17.92%，9.09%，5.83%，4.37%，其中4项指标为成熟期的气候条件，可见成熟期是引起香型分异的关键时期，气温和日照时数是关键指标。成熟期气温和成熟期日照累计贡献率分别达46.3%和10.2%。

第五节　烤烟烟叶香型风格主要化学成分检测方法

一、生物碱中心切割气相色谱-氢火焰光度法（MDGC-FID）法

现有研究充分表明，人类吸烟产生的快感的主要来源于烟草生物碱，尤其是尼古丁。生物碱是烟草植物中最重要的一类化学成分，与吸味品质关系密切。烟碱含量是决定烟叶品质的主要因素，例如，糖碱比是烤烟重要品质指标，氮碱比是白肋烟重要品质指标。除烟碱外，其他生物碱与烟叶吸食品质有密切的关系。一般情况下，晾晒烟中其他生物碱含量较高，晾晒烟浓郁的香味和充足的劲头和生物碱含量丰富有关。

采用中心切割式多维气相色谱，把第一根色谱柱上的生物碱馏分转移到第二根色谱柱，生物碱的色谱分离得到很大改善，定量的准确度和重复性显著提高。测定的生物碱包括烟碱、降烟碱、假木贼碱、新烟草碱、麦斯明、2, 3′-联吡啶。

1. 前处理

取0.2g烟末，先加入1.5mL10%氢氧化钠，然后加入3mL甲基叔丁醚，内标正十六烷，充分振荡萃取，静置1h后取上清液分析。

2. 仪器系统

采用自主开发的中心切割式多维气相色谱仪，技术原理是Deans压力切换，主机为安捷伦6890GC。

3. 色谱条件

（1）一维色谱分离　预柱：为RESTEK-1（30m×0.25mm id×0.50μm df），分析柱为RESTEK-50（60m×0.25mm id×0.25μm df），载气为氦气，预柱和分析柱均为恒流模式，流量分别为2.1mL/min和2.3mL/min。分流/不分流进样口温度250℃，2μL不分流进样。一维色谱炉温程序：50℃保持1min，以20℃/min升至120℃，再以8℃/min升至260℃。

（2）二维色谱分离　二维色谱炉温程序：以1.5℃/min从110℃升至190℃，再以10℃/min升至260℃，保持10min。中心切割范围为11～18min，采用液态二氧化碳冷阱富集，FID检测器检测。烟碱含量0～10%，各生物碱的定量曲线的线性相关系数在0.999以上，重复性RSD均小于10%，6个生物碱加标回收率在90%～110%。如图2-5所示为典型烤烟色谱图。

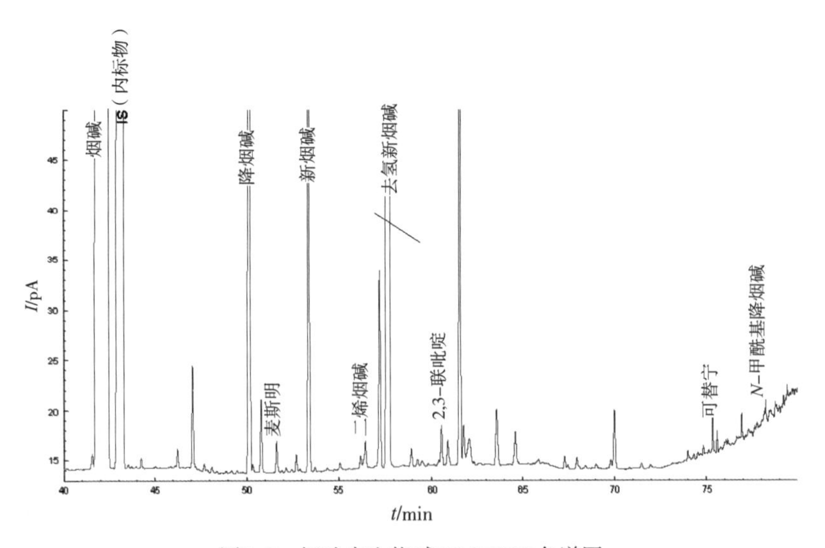

图2-5　烟叶中生物碱MDGC/FID色谱图

二、硅烷化气相色谱（GC）指纹图谱

采用硅烷化气相色谱法得到烟草的指纹图谱，化学成分包括：磷酸、甘油、脯氨酸、尼古丁、2, 3-二羟基丙酸、苹果酸、2, 3, 4-三羟基丁酸、柠檬

酸、肌醇、蔗糖、果糖、葡萄糖（12种），涵盖了烟叶中糖、生物碱、有机酸、氨基酸等重要化学成分，检测重复性RSD在10%以内，可以对烟叶中主要化学成分进行综合表征。

1．前处理

称量10mg ± 0.1mg样品烟末于2mL色谱进样瓶中，加入1mL衍生化试剂［BSTFA（三氟乙酰胺）与DMF（*N*, *N*-二甲基甲酰胺）的体积比为1∶1，含内标］，振荡60s，混匀，将色谱瓶放入烘箱，70℃保持30min使充分反应，4000r/min转速离心2min，取上层清液于色谱瓶中，在干燥皿中常温静置6h，准备进样。

2．色谱条件

色谱柱：Rtx-1（30m × 0.25mm id × 0.5μm df，Restek公司）；进样量：1.0μL；分流比：20∶1；进样口温度：280℃；载气：He，恒流1.5mL/min；柱温：125℃保持5min，以2.5℃/min升至210℃，以10℃/min升至300℃保持15min；检测器：FID检测器，温度300℃，H_2流量40mL/min，空气流量400mL/min，He流量45mL/min。

三、氨基酸超高液相-单四级杆质谱（UPLC-SQDMS）法

氨基酸在烟叶品质中的作用比较复杂，它是烟叶中的一类重要物质。在烟叶烘烤、陈化、调制及抽吸过程中，氨基酸均会与烟叶中的还原糖发生美拉德反应而形成多种重要的致香成分，同时氨基酸和蛋白质在抽吸时产生烧焦羽毛的气味，对烟气香味具有不良影响。

1．样品预处理

准确称取烟叶粉末0.05g于10mL玻璃螺纹管中，加入2mL超纯水（含正缬氨酸内标5μg/mL），循环冷却水超声提取1h，3000r/min离心，0.22μm水膜过滤，采用Waters AccQ-Tag derivation kit衍生后分析。

2．液相色谱-质谱分析条件

液相色谱条件：分析仪器Waters Acquity UPLC-SQDMS，液相色谱分析柱为Waters AccQ-Tag Ultra氨基酸分析柱；流动相A（体积分数）：20mmol/L甲酸铵，0.5%甲酸，1%乙腈，98.5%水；流动相B（体积分数）：1.6%甲酸，98.4%乙腈；流速：0.35mL/min；柱温：55℃；进样体积：1μL；进样器温度：15℃。液相色谱的梯度条件为：0～1.08min，99.9%A，0.1%B；11.48min，

90.9%A，9.1%B；16.3min，78.8%A，21.2%B；16.9～18.1min，40.4%A，59.6%B；18.28～20min，99.9%A，0.1%B。

SQD质谱方法：ESI正离子模式下，分段SIR扫描，毛细管电压：3kV，Cone voltage：30V，Desolvation temperature：300℃，Cone temperature：120℃，Desolvation gas flow：650L/h，Cone gas flow：50L/h。

3．方法表征

连续测定3天，每天测定6次，方法日内、日间重复性小于10%。检测限和定量限分别通过信噪比*S*/*N*=3和*S*/*N*=10计算。配置系列浓度的标样衍生后分析得到各个氨基酸的线性范围和相关系数，检测限、定量限和线性结果见表2-8，回收率在89.2%～110.7%。

表2-8　　氨基酸UPLC-SQDMS方法表征

氨基酸	重复性/%		检测限/（ng/mL）	定量限/（ng/mL）	线性范围/（ng/mL）	相关系数 R^2	回收率/%
	日内	日间					
脯氨酸	3.1	6.4	0.6	2.0	0.005～20	0.995	89.21
苯丙氨酸	2.1	7.1	0.5	1.6	0.0025～5	0.999	101.4
缬氨酸	4.6	8.0	0.3	1.0	0.0025～5	0.999	110.7
谷氨酰胺	2.9	6.4	0.3	1.1	0.0025～10	0.999	106.9
组氨酸	4.4	6.6	1.5	5.0	0.005～5	0.999	99.6
甘氨酸	4.1	7.5	0.0	0.1	0.0025～2.5	0.996	99.5
丙氨酸	3.1	5.5	0.1	0.4	0.0025～1.25	0.999	102.6
苏氨酸	3.2	7.1	0.2	0.8	0.0025～10	0.999	94.7
谷氨酸	2.8	4.5	0.3	1.1	0.005～5	0.996	92.0
天冬氨酸	4.5	7.0	0.8	2.5	0.0025～5	0.999	100.4
天冬酰胺	4.0	8.2	0.3	1.0	0.0025～5	0.999	111.6
丝氨酸	3.2	6.3	0.1	0.3	0.0025～10	0.998	114.6
精氨酸	4.6	6.9	0.5	1.7	0.005～10	0.998	99.2
酪氨酸	5.6	8.2	0.6	2.1	0.0025～10	0.998	108.7
赖氨酸	4.8	6.3	0.1	0.4	0.0025～10	0.999	106.1
异亮氨酸	9.3	9.1	0.3	1.0	0.0025～10	0.999	111.0
亮氨酸	4.7	8.2	0.2	0.8	0.0025～10	0.999	105.0
色氨酸	4.4	7.5	0.5	1.8	0.0025～5	0.999	98.0

四、植物色素超高液相色谱（UPLC）法

类胡萝卜素是烤后烟叶主要色素，是影响烤烟香气品质和可用性的主要成分之一。特别在烟叶成熟和调制过程中，类胡萝卜素含量的变化将直接影响烤烟的色泽和香气风格。烟叶中类胡萝卜素物质的主要成分为β-胡萝卜素和叶黄素。类胡萝卜素物质氧化降解时可得到一系列降解产物，如β-紫罗兰酮、β-大马酮、氧化异佛尔酮、巨豆三烯酮、二氢猕猴桃内酯等几十种化合物，其中不少化合物是重要的香味物质。因此，烟叶中类胡萝卜素物质对烟叶质量的判断及烟草制品的质量控制关系密切。

1. 前处理

萃取液选择与流动相相近的溶剂配比（$V_{乙腈}:V_{水}=8:2$）。内标储备液为准确称取内标物苏丹Ⅰ0.1g于100mL容量瓶，用乙腈稀释至刻度，摇匀，密封，冷藏保存。

内标液：准确移取1mL内标储备液于100mL容量瓶中，用萃取液稀释至刻度，摇匀，密封，冷藏保存。烟叶样品，称取约0.1g，准确加入2mL内标液，超声萃取40min，离心取上清液，经0.25μm有机滤膜过滤后，进棕色瓶，进样1μL分析。

2. 色谱条件

流动相A：$V_{乙腈}:V_{水}=9:1$；流动相B：乙酸乙酯；柱温：30℃；流速：0.3mL/min；4min等度分离，流动相A90%，流动相B10%；检测器：UV检测器，波长为450nm。

与传统方法比较，本方法体现了超高效液相色谱技术的优势，与传统HPLC方法相比，在4min内即可达到主要类胡萝卜素的分离（图2-6），进样25次所消耗的溶剂量相当于HPLC进样1次。本方法可快速完成大量样品的分析检测工作，避免色素氧化，并减少溶剂消耗量，降低了有机溶剂对环境的污染。

五、多酚UPLC法

烟草中的酚类物质按照羟基数目的不同可大致可分为简单酚类和多酚类两种。其中简单酚类在卷烟烟气中含量较为丰富，而在烟草中则含量甚微。多酚类物质则在烟草烟叶中含量丰富，较为重要。由于多酚类物质容易被过度氧化

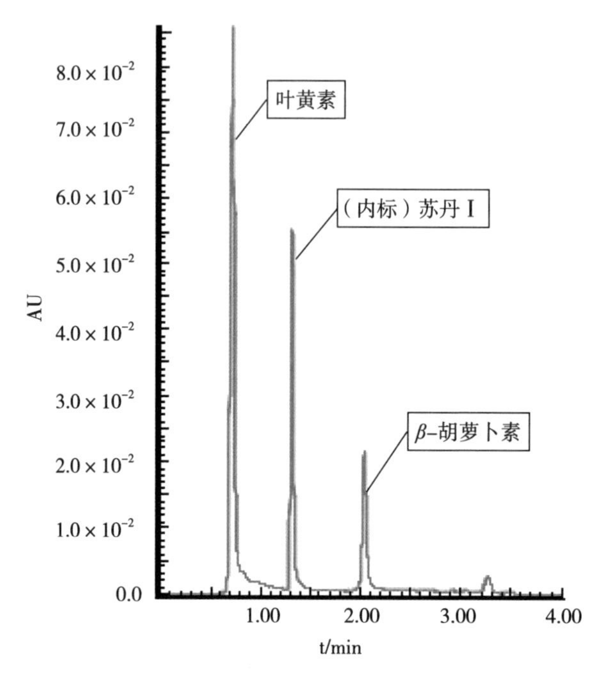

图2–6　烟叶中叶黄素和β–胡萝卜素UPLC色谱图

而使烟叶发生褐变反应，使其颜色加深或者产生杂色，不仅影响烟叶的外观质量和色泽，还会使烟叶内部化学成分产生变化，对烟草及烟草制品的品质等级、吃味香气、生理强度等产生一定程度的影响。曾有人提出用烟草的酚类物质含量与蛋白质氮含量的比值——芳香值，作为判断烟草吃味的化学指标。卷烟产品的吃味香气、生理强度等正是体现卷烟风格的主要指标，与卷烟产品的特征存在密切的关系。

1．前处理

烟叶样品粉碎过80目筛，称取约0.1g，准确加入20mL 50%甲醇水溶液超声萃取20min，取约2mL萃取液，用0.45μm针头过滤器过滤，进样0.5μL。

2．色谱条件

流动相A：$V_{水}$：$V_{甲醇}$：$V_{乙酸}$=88：10：2；流动相B：$V_{水}$：$V_{甲醇}$：$V_{乙酸}$=10：88：2；柱温：室温；流速：0.25mL/min；梯度：0min，100%A；2.8min，80%A，20%B；5.8min，20%A，80%B；6.5min，100%A；检测器：PDA检测器。

本方法与传统方法的比较见表2–9，由于采用了超高效液相色谱技术，本

方法的分离时间比常规高效液相色谱法大大缩短，完全分离烟叶中的多酚类物质只需6.5min，单个样品只需消耗流动相1.625mL，流动相消耗比常规高效液相色谱大大减少，有效减少了有机溶剂对环境的污染，分析的重复性、回收率和检出限也得到较大改善，能快速完成大量样品的分析检测工作。

表2-9　　多酚UPLC检测方法与传统方法的比较

方法	流速/（mL/min）	分析时间/min	流动相消耗/（mL/个）	回收率（n=5）/%	重复性（n=5）/RSD%	检出限/（ng/mL）
UPLC	0.25	6.5	1.625	97.1 ~ 101	1.24 ~ 2.04	18 ~ 32
HPLC	1	35	35	89 ~ 103	1.59 ~ 3.25	27 ~ 56

六、Amadori化合物

Amadori化合物是美拉德反应早期生成的重排产物。美拉德反应是指羰基化合物与氨基化合物之间相互作用发生的一系列复杂化学反应。由于还原糖（例如葡萄糖，半乳糖等）中含有羰基结构，氨基酸、多肽以及蛋白质中含有氨基结构，所以这两类化合物之间极易发生美拉德反应。Amadori化合物本身不具有挥发性香味，但在高温或pH发生变化时，Amadori化合物会发生脱水、环化、裂解等一系列反应，生成吡嗪、吡咯、呋喃、吡啶、醛酮等大量风味物质，这些物质具有类似坚果、爆米花的优美芳香，对烟叶香吃味具有重要贡献。因此，Amadori化合物也被认为是一类重要的潜香物质，在烟草加工过程中具有重要的应用价值。国内外烟草行业都很重视Amadori化合物在烟草中的研究与应用。本研究采用液相色谱-串联质谱法（LC-MS/MS）测定烟叶中1-脱氧-1-L-脯氨酸-D-果糖（Fru-Pro）和1-脱氧-1-L-丙氨酸-D-果糖（Fru-Ala）。

1．前处理

取120mg烟末于250mL容量瓶中，用去离子水定容到刻度，超声萃取5min。0.45μm水相滤膜过滤，滤液待检测。

2．仪器系统

美国生物应用系统公司ABI-4000QTRAP串联质谱仪，安捷伦公司1200液相色谱仪，RESTEK Pinnacle-II C-18色谱柱（5μm，110Å，250mm×4.6mm，美国RESTEK公司）。

3．标准品制备

烤烟中脯氨酸-葡萄糖复合物（Fru-Pro）以及甘氨酸-葡萄糖复合物（Fru-Ala）是两种含量较大的Amadori化合物，但没有市售的标准品，因此在实验室合成提纯，得到纯度大于95%的标样。

4．LC-MS/MS检测条件

RESTEK Pinnacle-II色谱柱；柱温25℃；流动相：$V_{甲醇}$：$V_{甲酸水溶液}$（体积比0.1‰）= 60：40；等度洗脱；流速650μL/min；进样量10μL；分析时间12min。

质谱检测采用多反应监测（MRM）扫描模式，电喷雾正离子模式（ESI^+）为离子化条件，喷雾电压为5500V，气帘气压20psi*，离子源喷雾气压50psi，气化气55psi，加热温度550℃，每对定量离子对扫描时间为60ms。

重复性实验平行处理五次样品，精密度良好，方法的标准偏差小于2.30%，样品加标回收率的实验结果表明方法的回收率在91%～106%。

七、烟叶香味成分液相色谱-气相色谱/质谱联用法（LC－GC/MS）

1．LC-GC技术现状

烟叶基质复杂，香味成分含量处于mg/kg水平。水蒸气蒸馏法副反应严重，而溶剂萃取法含有大量色素、油脂，均使烟叶香味成分测定可靠性大打折扣。溶剂萃取LC-GC技术在烟叶香味成分分析中具有非常大的应用价值。

LC-GC技术能够实现样品的高效在线净化处理，具有高选择性和高灵敏度，适合复杂基质中痕量物质的分析。目标成分能够完全转移到GC，灵敏度更高；易于全自动化，避免前处理中引入的污染物的影响，减少目标成分在前处理过程中的损失、污染和副反应，效率高、重复性好。目前LC-GC技术已经应用于食品质量安全检测、环境监测和生物样品分析领域。

在LC-GC技术中，液相色谱流动相流量一般为几十微升到一毫升，远远超过GC进样口可以承受的进样体积，因此LC-GC技术，需要特殊的LC-GC接口蒸发液相色谱的溶剂。液相溶剂蒸发时，容易造成香味物质跟随液相溶剂一起

* 1psi=6894.76Pa。

排出，引起目标分析物的损失。因此，在处理液相溶剂的同时，尽量减少目标分析物的损失，是LC-GC技术碰到的首要问题。

LC-GC接口技术经过几十年的发展，常用的LC-GC接口技术主要有柱上进样接口、定量环接口、程序升温进样口接口三种。柱上进样接口可充分利用溶剂效应，适合挥发性成分分析，但转移体积有限，一般低于100μL；定量环接口、程序升温进样口接口转移体积大，但挥发性成分损失严重，不适合香味成分分析。现有的三种接口技术绝大多数应用于LC-GC技术，若使用LC-GC/MS联用技术，会有大量溶剂进入MS检测器，造成质谱真空度降低，离子源污染，影响仪器稳定性和使用寿命。因此，LC-GC/MS联用技术需要更高级的接口。

针对烟叶香味成分分析的特性，本研究中创新性地开发了多项接口技术，包括基于多位定量环存储切换-柱上进样的接口、基于PTV进样口的接口、基于柱上进样-阀切换的接口、基于柱上进样-恒流恒压切换的接口四套接口装置。其中，柱上进样-恒流恒压切换LC-GC/MS联用仪器能更好地满足烟叶香味成分分析要求，仪器系统稳定，适合大批量样品测试，分析结果真实可靠。

2. LC-GC/MS联用技术开发

（1）柱上进样-多位定量环存储切换LC-GC/MS联用　新开发的装置见图2-7，LC-GC接口采用柱上进样方式，LC馏分采用两位十通阀切换，6个馏分存储在多位阀样品环中，可依次作GC/MS分析。

首先利用液相色谱柱对样品进行初步分离，根据极性差异将烟叶成分大致分组，每个组中包含多个目标馏分。目标馏分进入多位阀的Loop环，顺序转动多位阀，依次收集馏分至各个Loop环内。馏分收集结束后，转动两位十通阀至进样位，辅助载气推动Loop环内的暂存馏分进入毛细管气相色谱。气相色谱完成一个Loop环内馏分的分离分析后，转动多位阀，依次进样分析后续切割的馏分。

该LC-GC/MS联用装置具有全成分检测的优势，但也存在如下不足：

①液相馏分转移到气相系统后，液相溶剂进入离子源，会降低质谱真空度和污染离子源，对分析产生一定影响。

②将不同极性的成分分组分开，对多个馏分进行分析，无法避免色素、油脂等高沸点成分进入气相系统，污染预柱、分析柱和离子源，同时该方法条件复杂，分析时间长。

（2）基于PTV进样口的LC-GC/MS联用　针对如上问题，采用凝胶渗透色

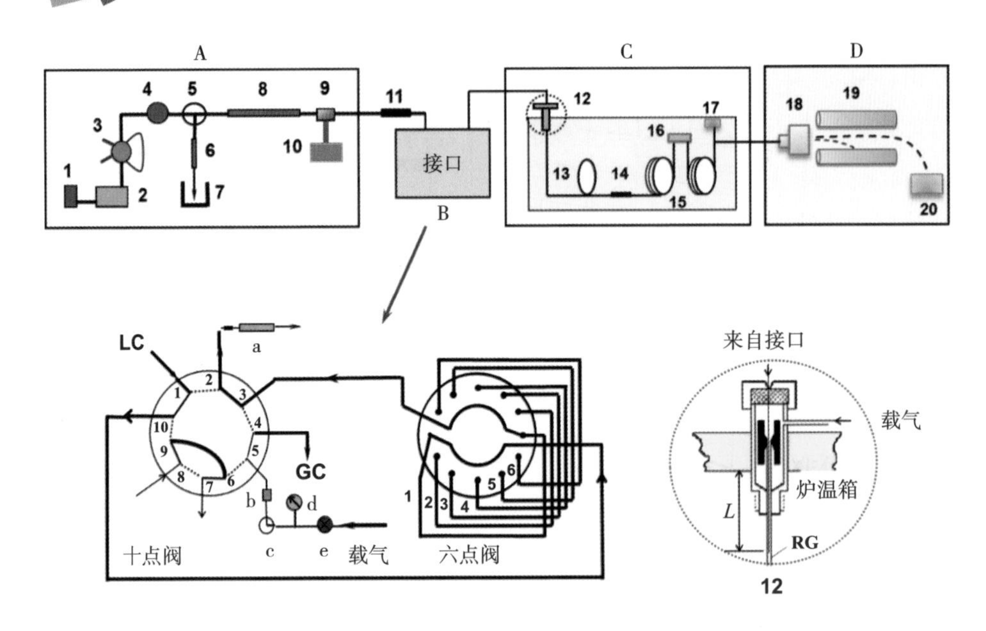

图2-7 多位定量环存储切换-柱上进样LC-GC/MS联用示意图

1—流动相 2—液相泵 3—六通阀 4—柱前压监测 5—分流三通 6—阻尼
7—废液收集 8—液相色谱柱 9—检测窗 10—柱上检测器 11—二通接头
12—气相进样口 13—保留间隔柱 14—石英压接头 15—预柱和分析柱
16—石英压接头 17—FID检测器 18—质谱离子源 19—四级杆 20—电子倍增检测器

谱柱（GPC）对烟叶香味成分提取物进行初步分离。利用凝胶色谱体积排阻原理，将不同分子尺寸物质进行分离，可排除在GPC上先出峰的色素、油脂等高沸点成分，减少对气相色谱系统污染。

采用程序升温汽化进样口（PTV）接口技术，实现LC-GC/MS联用。PTV进样口LC-GC/MS联用示意图如图2-8所示。

在烟叶香味成分馏分转移至PTV进样口的过程中，PTV温度较低，香味成分保留在衬管Tenax TA吸附剂上，而液相流动相在PTV进样口气化，载气带走溶剂蒸气，由PTV分流出口排空。溶剂完全排空后，PTV进样口迅速升温，烟叶香味成分脱附进入气相系统实现进一步分离分析。

为防止大量溶剂进入气相系统，在保留预柱和分析柱之间安装三通，通过反吹阀提供反吹气体，避免溶剂进入气相系统。

经过大量实验，发现该装置还有如下缺点：

①分析大量烟叶样品时，PTV衬管污染现象明显，目标物峰形拖尾，内标物响应逐渐下降。

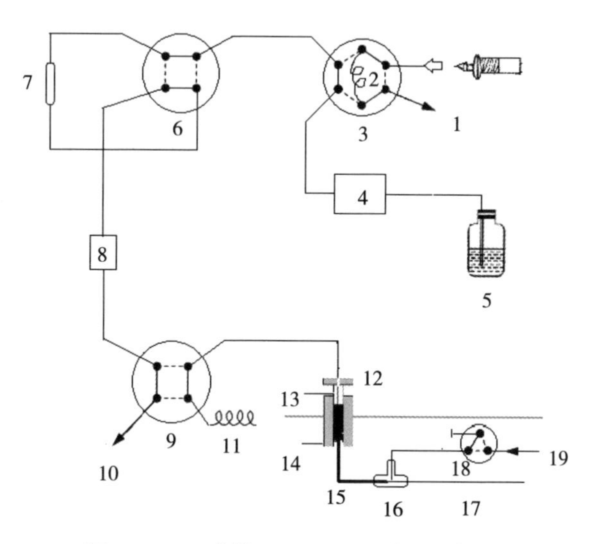

图2-8　PTV进样口LC-GC/MS联用示意图

1、10—废液排放　2—定量环　3—LC进样阀　4—泵　5—溶剂瓶　6—LC反洗阀
7—液相柱　8—紫外检测器　9—LC馏分切割阀　11—阻尼管　12—PTV进样口
13—载气　14—分流口　15—保留预柱　16—三通　17—分析柱　18—反吹阀　19—反吹气体

②高沸点香味成分在PTV进样口中存在进样口歧视效应，响应偏低。

（3）柱上进样-阀切换LC-GC/MS联用　基于以上问题，开发柱上进样-阀切换接口技术，实现GPC-GC/MS联用。液相流动相在GC预柱中蒸发，避免目标成分稀释、吸附、降解等问题。GC预柱和GC分析柱通过切换阀灵活连通和隔离，大大降低了高沸点成分污染问题。

柱上进样-阀切换LC-GC/MS联用示意图如图2-9所示。

液相馏分转换时，预柱和蒸气出口接通，溶剂在预柱内蒸发，全部从蒸气出口排出，溶质被保留在保留预柱内。预柱与气相色谱分析柱分离，完全避免溶剂进入气相系统。蒸发温度控制在溶剂的校正沸点之下，溶剂效应可抑制香味成分的损失。

溶剂蒸发结束后，气相色谱预柱与分析柱相连，炉温箱开始程序升温，烟叶香味成分转入分析柱进行分离检测。

香味成分完成分析后，保留预柱和分析柱断开，与蒸气出口相连，此时柱温箱温度较高，实现预柱和保留预柱老化；预柱和保留预柱内的高沸点成分从蒸气出口排出，避免了高沸点成分进入气相色谱分析柱带来的污染。

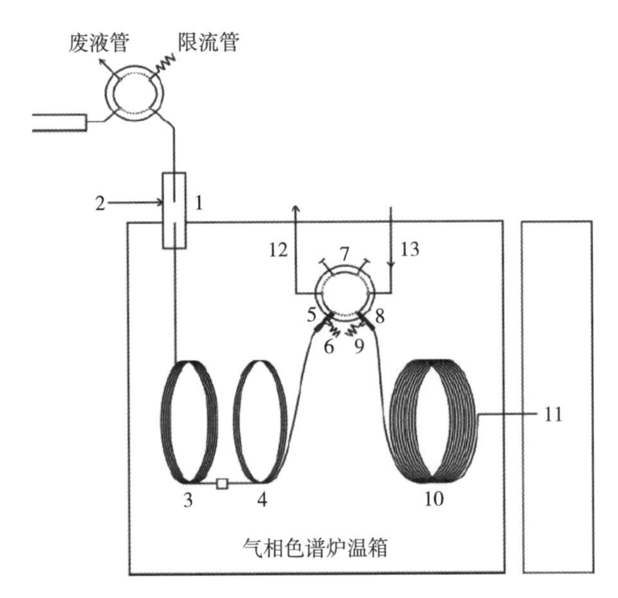

图2-9　柱上进样-阀切换LC-GC/MS联用示意图

1—GC进样口　2—载气　3—预柱　4—保留预柱　5—三通阀　6—阻尼管　7—切换阀
8—三通阀　9—阻尼管　10—分析柱　11—检测器　12—蒸气出口　13—第二路载气

柱上进样方式不经过进样口，减少由衬管活性点引起的样品物质分解；同时没有进样口稀释效应。阀切换延长预柱系统的使用寿命，避免高沸点成分对分析柱的污染，分析系统更稳定，数据更可靠。

与PTV进样口方式相比，该系统有较大优势，但仍然存在以下问题：

①采用恒定压力载气进行溶剂蒸发，在进样和溶剂蒸发过程中，溶剂蒸汽阻力导致载气流速大大下降，蒸发速度随之下降；当溶剂蒸发完成时，预柱阻力迅速降低，载气流速突然增大，容易导致溶剂液膜消失过快，溶剂蒸发终点不易确定，挥发物严重损失。

②切换阀安装毛细柱，操作不方便。死体积较大，阀体不锈钢非惰性，高温下阀芯容易损坏。

（4）柱上进样-恒流恒压切换LC-GC/MS联用　基于以上问题，开发无阀压力切换的柱上接口技术，实现LC-GC/MS联用。该技术利用无阀压力切换方法，实现保留预柱和分析柱灵活隔离或连通。在液相流动相蒸发的时候采用恒流载气，确保蒸发速度稳定。柱上进样-恒流恒压切换LC-GC/MS联用示意图见图2-10，GC载气入口（图2-10，6）的恒流恒压切换示意图见图2-11。

液相色谱系统同样采用凝胶渗透色谱柱（GPC）。

烟叶香味成分馏分转移前，GC载气入口（图2-10，6）采用恒压模式，GC载气经过第二稳压阀（图2-11，4）进入GC预柱系统，通过预柱由放空口排出；反吹载气（图2-10，1）为传输线提供载气并对分析色谱柱进行反吹；反吹载气（图2-10，1）压力大于GC载气（图2-10，6）压力，经过稳压阀、稳流阀、气体切换阀、分析柱，由放空口排出。

液相馏分转移时，GC载气（图2-10，6）采用恒流模式，当载气遇到蒸汽阻力时，为保持恒流而自动升压，保持蒸发速度的相对稳定；当溶剂蒸发完成之际，载气为保持恒流而自动降压，气流不会在蒸发结束之际大幅度增加，防止瞬

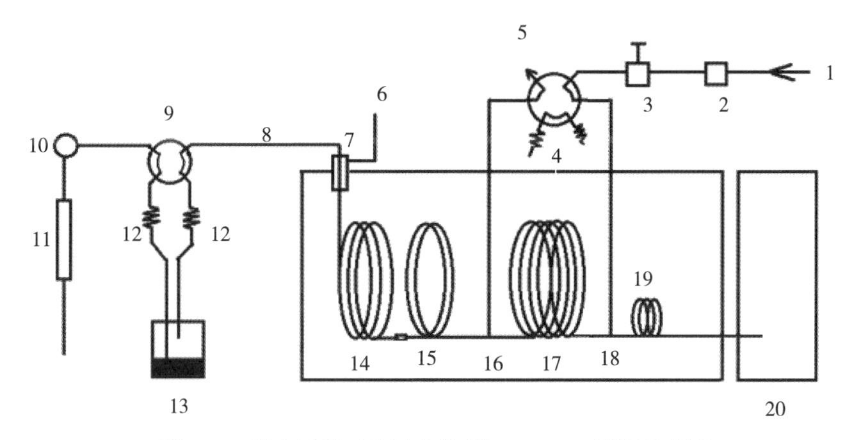

图2-10　柱上进样-恒流恒压切换LC-GC/MS联用示意图

1—反吹载气　2—稳压阀　3—稳流阀　4—限流管　5—气体切换阀　6—GC载气入口　7—进样口　8—传输线　9—液体切换阀　10—LC检测器　11—LC色谱柱　12—限流管　13—废液瓶　14—预柱　15—保留预柱　16—A三通接头　17—GC分析柱　18—B三通接头　19—毛细管色谱柱　20—质谱仪

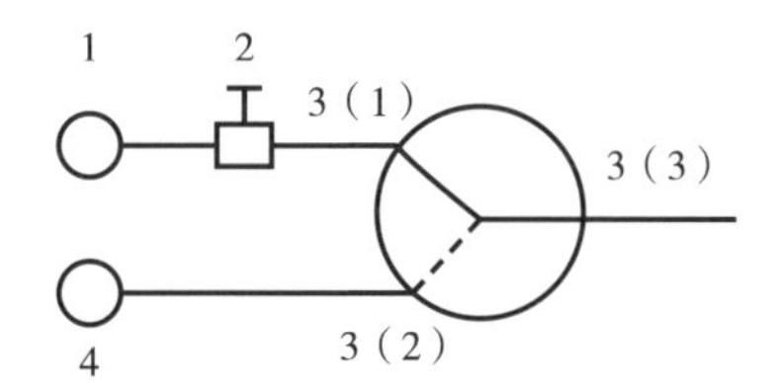

图2-11　GC载气入口（图2-10，6）的切换示意图

1—第一稳压阀　2—第一稳流阀　3—第一切换阀
3（1）—a接口　3（2）—b接口　3（3）—c接口　4—第二稳压阀

间大气流导致挥发性成分严重损失，可更好地利用溶剂效应，有利于挥发性成分的分析。

溶剂蒸发结束后，第一切换阀（图2-11，3）变换阀位置，GC载气采用恒压模式，通过第二稳压阀（图2-11，4）进入气相系统，为预柱、分析柱提供载气。气体切换阀（图2-10，5）同时变换位置，预柱与分析柱相连，开始目标物分析过程。反吹载气由排空口直接排出。

烟叶香味成分在分析柱完成分离后，气体切换阀恢复馏分转移前位置，柱温箱温度较高，GC载气（图2-10，6）采用恒压模式，以较大的流量经过预柱由放空出口排出，实现预柱和保留预柱老化；分析柱位于两个三通接头之间，在老化预柱阶段，分析柱同样在高温下老化，反吹载气反向通过分析柱，由排空出口排出，可避免高沸点成分对分析柱、离子源的污染。预柱和分析柱使用寿命得到提高。

气相色谱系统中三通接头均为内衬去活玻璃，接口系统死体积小，活性低，耐高温，对分离影响小；采用恒流恒压切换，能更好地控制溶剂蒸发，充分利用溶剂效应，有利于烟叶中挥发性香味成分分析；分析柱在高温下由反吹载气吹扫，避免高沸点成分对分析柱、离子源的污染。该系统更稳定，测试数据更可靠，已经完成数千份烟叶样品测定。

3. LC-GC/MS测定烟叶香味成分

（1）前处理条件　称取0.2g烟末置于20mL螺口试管中，加入5mL正己烷和叔丁基甲醚混合溶剂（体积比为1∶1），然后加入200μL内标溶液（11.2μg *α*-紫罗兰酮/mL正己烷）。

（2）HPLC条件　仪器为Agilent1290（美国安捷伦公司），配备自动进样器、二元泵、二极管阵列检测器（DAD）。烟叶提取物进样量10μL，色谱柱为Waters Styragel HR0.5凝胶色谱柱，规格为30cm×4.6cm i.d.×5μm，分子质量排阻上限为1000u。流动相为二氯甲烷，流速为0.25mL/min，柱温箱为30℃。DAD检测波长分别为238nm、254nm和320nm。

（3）GC/MS条件　仪器为Agilent5975（美国安捷伦公司），配备On-Column进样口。色谱柱为DB-5MS，规格为30m×0.25mm i.d.×0.25μm df，载气为高纯氦，柱流速为1.2mL/min（恒流模式）。GC炉温箱温度程序为：40℃保持14min，以4℃/min升至290℃，保持5min。GC/MS传输线温度为280℃，MS离子

源温度为230℃，四级杆温度为170℃，质量扫描范围为74.7～581u。

烟叶香味成分GPC色谱图（238nm）如图2-12所示，11～12min为香味馏分切割时间，烟叶香味成分LC-GC/MS色谱图如图2-13所示，烟叶香味成分测定结果的重复性见表2-10。

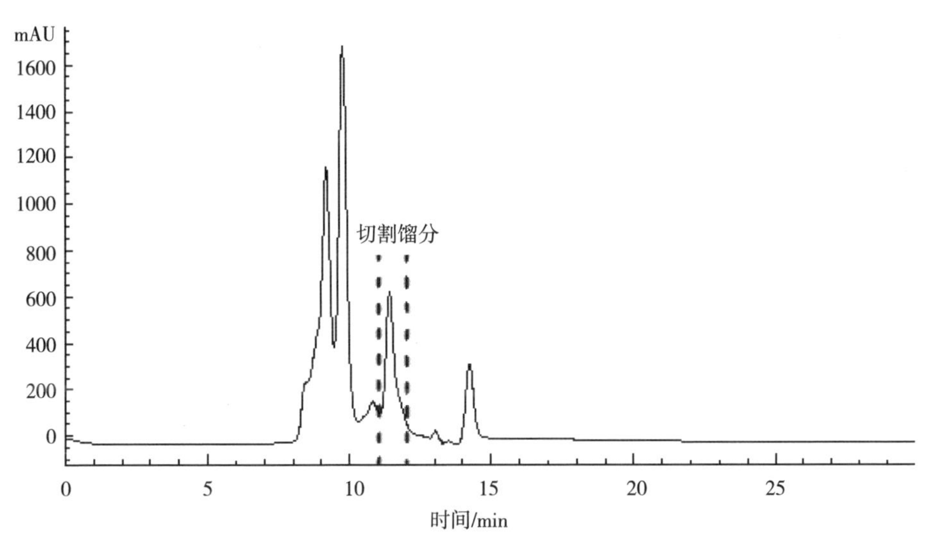

图2-12　烟叶香味成分GPC色谱图（238nm）

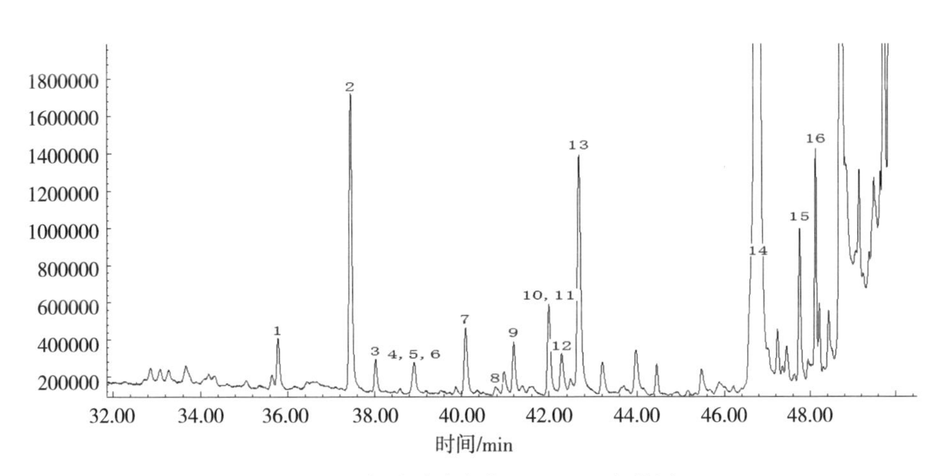

图2-13　烟叶香味成分LC-GC/MS色谱图

1—茄酮　2—α-紫罗兰酮　3—香叶基丙酮　4—降茄二酮　5—β-紫罗兰酮
6—氧化紫罗兰酮　7—二氢猕猴桃内酯　8—巨豆三烯酮1　9—巨豆三烯酮2
10—巨豆三烯酮3　11—3-羟基-β-二氢大马酮　12—巨豆三烯酮4
13—3-氧代-α-紫罗兰醇　14—新植二烯　15—3-羟基茄香根酮　16—β-含金欢烯

表2-10　　烟叶香味成分测定结果的重复性（RSD，n=6）

成分编号	保留时间/min	物质名称	重复性（RSD，n=6）/%
1	35.74	茄酮	3.10
2	37.41	α-紫罗兰酮	1.91
3	37.99	香叶基丙酮	1.65
4	38.86	降茄二酮	3.85
5	38.88	β-紫罗兰酮	4.20
6	38.90	氧化紫罗兰酮	1.70
7	40.06	二氢猕猴桃内酯	0.67
8	40.76	巨豆三烯酮1	8.25
9	41.17	巨豆三烯酮2	4.83
10	41.98	巨豆三烯酮3	1.40
11	41.98	3-羟基-β-二氢大马酮	2.01
12	42.25	巨豆三烯酮4	3.16
13	42.68	3-氧代-α-紫罗兰醇	2.80
14	46.87	新植二烯	0.45
15	47.74	3-羟基茄香根酮	0.44
16	48.12	β-合金欢烯	0.71

八、烟叶半挥发性香味成分指纹图谱热脱附（ATD）-GC/MS法

热脱附（Automatic thermal desorption，ATD）是香味物质检测分析中一种常用技术手段，具有独特的优势，对于含氧化合物的回收率显著高于水蒸气蒸馏法，且全自动、快速、灵敏度高。在以往的研究中，一般直接对样品粉末或烟丝进行热脱附，释放香味物质，然后用GC/MS进行检测。这样做的缺点在于：烟叶本身吸附能力较强，香味物质无法完全从样品中解析出来，如果增加热脱附温度和时间，一方面增加了副反应，另一方面会使样品焦炭化，污染热脱附系统。本实验采用甲醇作为萃取溶剂，将烟叶中的香味物质完全萃取出

来，更有利于热脱附时香味物质的释放。甲醇在聚合物吸附剂上不保留，不影响GC分离，操作更简便，定量更可靠。

1．前处理

称取0.5g烟末，置于20mL螺口试管中，加入50μL内标溶液（0.033g烟酸甲酯，250mL乙醇溶解）和5mL甲醇，旋紧瓶盖，涡旋振荡1min，超声波萃取30min，静置2h，取上层清液50μL于装有玻璃纤维的热脱管中。

2．仪器分析条件

热脱附（ATD）条件：一级脱附（样品脱附）温度100℃，脱附时间20min，脱附流量45.0mL/min，吸附阱温度30℃；二级脱附（吸附阱脱附）温度280℃，脱附时间2min，进样压力103.425kPa。

气相色谱条件：色谱柱Agilent DB-WAX（60m × 0.32mm × 0.15μm）；载气：He；恒压模式103.425kPa；分流比为1：20；程序升温：50℃（3min）$\xrightarrow{3℃/min}$200℃（0min）$\xrightarrow{3℃/min}$220℃（30min）。

质谱条件：传输线温度240℃；电离方式EI；电离能量70eV；离子源温度230℃；四级杆温度150℃；选择离子监测（SIM）模式；溶剂延迟18min。

采用NIST05和WILEY07谱库检索进行质谱鉴定。

3．热脱附物ATD-GC/MS指纹图谱的建立

参考烟叶浸膏制备，一般用70%乙醇溶液制备烟叶浸膏，乙醇、水都是极性较大的溶剂，因此选用极性较大的甲醇作为溶剂；并且脱附仪器中捕集阱所用的Tenax TA填料对甲醇溶剂无保留，对乙醚、石油醚等溶剂具有一定的保留性，易对GC产生影响。本方法一级热脱附温度100℃，时间20min，香味成分的色谱分离效果较好，响应度较高，重复性较好。过高温度下，糖类等分解严重，阀和吸附阱污染较快；吸附阱温度30℃，没有采用更低温度主要是为了甲醇挥发。总的来说，采用热脱附作为香味脱附方式，香味成分响应度高，分离效果好，重复性好，高沸点的物质不会进入GC/MS系统，适合大批量样品的检测。烟叶样品通过甲醇溶剂萃取，ATD-GC/MS全扫描质谱定性，选取匹配度较高的物质进行SIM定量扫描（图2-14）。最终将重复性结果RSD＜10%的物质（表2-11）纳入指纹图谱中。

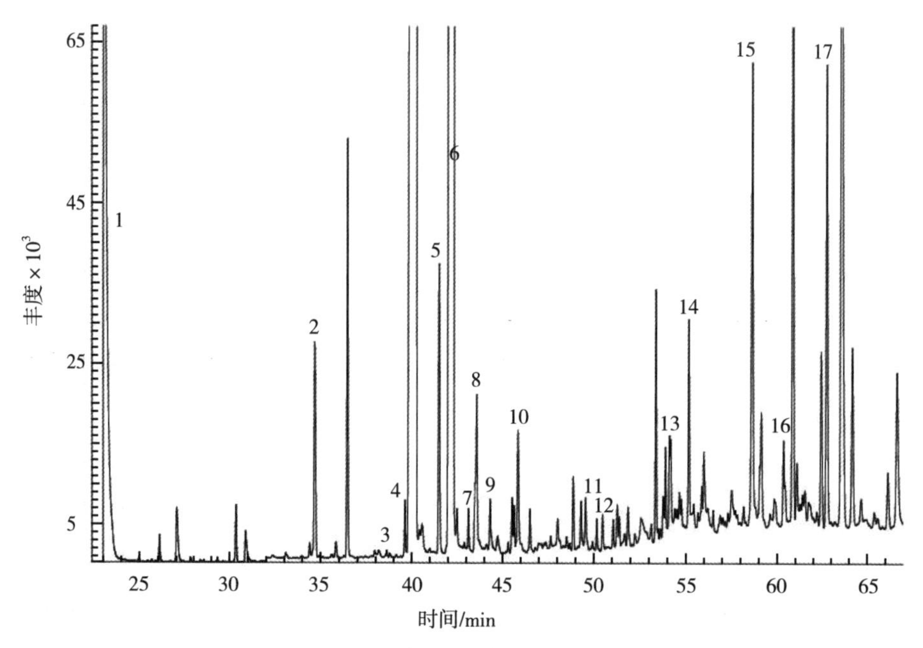

图2-14 样品SIM扫描质谱图

1—乙酸 2—茄酮 3—二氢大马酮 4—香叶基丙酮 5—苯乙醇 6—新植二烯 7—*β*-紫罗兰酮 8—麦芽酚 9—乙酰基吡咯 10—泛酰内酯 11—巨豆三烯酮1 12—巨豆三烯酮2 13—巨豆三烯酮4 14—二氢猕猴桃内酯 15—2, 3′-联吡啶 16—3-羟基-*β*-二氢大马酮 17—3-氧代-*α*-紫罗兰醇

表2-11 14种热脱附香味成分及半定量检测重复性结果

序列	目标化合物	定量离子（*m/z*）	匹配度/%	RSD（*n*=10）/%
1	茄酮	93	91	5.21
2	香叶基丙酮	151	95	3.77
3	苯乙醇	91	94	3.32
4	新植二烯	123	99	3.16
5	*β*-紫罗兰酮	177	95	2.54
6	麦芽酚	126	94	3.79
7	乙酰基吡咯	109	91	3.07
8	泛酰内酯	71	91	4.13
9	巨豆三烯酮1	190	95	2.69
10	巨豆三烯酮2	190	99	2.90
11	巨豆三烯酮4	190	95	3.13
12	二氢猕猴桃内酯	111	96	3.29
13	3-羟基-*β*-二氢大马酮	193	95	4.73
14	3-氧代-*α*-紫罗兰醇	108	95	6.99

第六节　烤烟烟叶香型风格代谢物检测方法

一、有机酸GC-MS方法

准确称取20mg鲜烟叶粉末于4mL螺口耐压试管中，加入二氯甲烷与乙腈体积比为1：2的混合溶液（含内标反-2-己烯酸，0.303μg/mL）1mL，加盖密封后置于超声波发生器内室温下超声萃取30min，静置取上清液，过0.45μm滤膜，加入BSTFA 100μL，60℃衍生40min，进GC-MS分析。GC-MS分析条件如表2-12所示，所测定有机酸的特征离子和母液浓度如表2-13所示。

表2-12　鲜烟叶有机酸检测的GC-MS分析条件

仪器类型	GC（Agilent7890）/MSD（Agilent5975）
色谱柱	DB-5MS石英毛细管柱（50m × 0.25mm，i.d. × 0.25μm d.f.）
进样方式	恒流模式，分流比20：1
进样量	1.0μL
进样口温度	280℃
载气、流速	氦气（99.999%），1.0mL/min
升温程序	80℃（0min）20℃/min；215℃（0min）0.5℃/min；220℃（0min）15℃/min；310（15min）
电离方式	电子轰击（EI）
电离能量	70eV
溶剂延迟	7min
传输线温度	280℃
离子源温度	250℃
扫描方式	单离子检测扫描（SIM）

表2-13　有机酸特征离子及母液浓度

有机酸	保留时间/min	特征离子（*m/z*）	母液浓度/（μg/mL）
甲酸	4.67	103	75.84
乙酸	5.85	117	8096

续表

有机酸	保留时间/min	特征离子（*m/z*）	母液浓度/（μg/mL）
丁酸	10.99	145	1.12
乳酸	17.74	147	35.2
己酸	18.34	173	1.04
t-2-己烯酸	20.23	171	0.3
庚酸	22.03	187	1.18
辛酸	25.52	201	1.55
丁二酸	27.23	147	0.8
壬酸	28.86	215	1.18
苹果酸	32.88	147	42.08
柠檬酸	42.30	147	20.32
十二酸	37.89	257	0.8
十四酸	43.22	285	26.56
十五酸	45.70	299	0.82
十六酸	48.08	313	27.2
十七酸	50.35	327	0.86
亚油酸	51.84	337	20.8
亚麻酸	51.98	335	247.36
油酸	51.97	339	27.36
十八酸	52.54	341	19.68

二、萜类GC-QQQ（三重串联四级杆质谱）-MS法

取烟叶冻干粉末20mg于2mL离心管中，加入提取溶剂二氯甲烷1.5mL，加入5μL内标十三烷酸（1mg/mL），室温超声提取60min，提取液离心，120000r/min，15min；取上清液800μL转移到新的1.5mL样品瓶中，并用氮气吹干；加入200μL衍生化试剂（BSTFA与DMF的体积比为1∶1），70℃反应60min后进样分析。GC-MS分析参数见表2-14，萜类物质的选择离子见表2-15。

表2-14 靶向测定萜类物质的GC-MS分析参数

仪器类型	GC（Thermo TRACE 1310）/TSQ8000
色谱柱	DB-5MS（30m×0.25mm，i.d.×0.25μm d.f.）
进样方式	恒流模式，分流比10：1
进样量	1.0μL
进样口温度	280℃
载气、流速	氦气（99.999%），1.0mL/min
升温程序	50℃（1min）4℃/min；280℃（20min）
电离方式	电子轰击（EI）
电离能量	70eV
溶剂延迟	4min
传输线温度	280℃
离子源温度	230℃
四级杆温度	150℃
扫描方式	选择反应检测扫描（SRM）

表2-15 质谱检测萜类物质的特征离子及定性定量离子

名称	保留时间/min	特征离子（*m/z*）	子离子（*m/z*）	碰撞能量/eV
十三烷酸	7.84	271	75/131	20
t，*t*-金合欢醇	8.27	135	93/107	5
α-植醇	12.57	123	67/81	10
顺冷杉醇	13.21	177	107/121	10
β-植醇	13.39	123	67/81	10
α-西柏烷三烯二醇	14.33	156	73/141	8
β-西柏烷三烯二醇	15.69	156	73/141	5
香紫苏醇	16.05	156	73/143	5
赖百当-13-烯-二醇	19.57	177	107/121	10
角鲨烯	22.75	149	81/93	10
2, 3-环氧化鲨烯	23.53	135	93/107	10
双氢速甾醇	24.45	255	159/199	10

续表

名称	保留时间/min	特征离子（*m/z*）	子离子（*m/z*）	碰撞能量/eV
胆固醇	25.18	329	109/121	15
菜籽甾醇	25.55	251	195/209	10
麦角甾醇	25.97	363	157/239	5
菜油甾醇	26.08	255	159/173	10
豆甾醇	26.33	255	147/159	10
羊毛甾醇	27.11	393	81/95	20
β-谷甾醇	27.29	396	213/255	15
β-香树脂醇	27.45	218	189/203	10
α-香树脂醇	27.95	218	189/203	10
鹅去氧胆酸	28.95	255	159/173	15

三、生物碱GC-MS法

称取0.15g冻干鲜烟叶粉末于15mL螺口耐压试管中，加入1.75mL 5%氢氧化钠溶液，湿润试样，静置15min，加入10mL 0.01%的三乙胺/甲基叔丁基醚溶液，加盖密封后置于超声波发生器内室温下超声萃取15min，然后，在6000r/min条件下离心5min。取2mL有机相进行GC-MS分析，检测烟碱含量；准确移取5mL有机相浓缩到0.5mL，进GC-MS分析，检测其他低含量生物碱。烟碱与其他低含量生物碱的检测分两次进样完成，采用保留时间和选择离子（SIM）模式定性，双内标定量。

1. 气相色谱条件

色谱柱：DB-35MS（30m × 0.25mm i.d. × 0.25μm d.f.）；程序升温：100℃保持3min以8℃/min升至260℃保持10min；载气：氦气；柱流速：1.0mL/min；进样口温度：250℃；烟碱的检测：进样量1μL，分流进样，分流比40∶1；其他生物碱的检测：进样量2μL，分流进样，分流比10∶1。

2. 质谱条件

溶剂延迟：8min；电离电压：70eV；离子源温度：230℃；传输线温度：280℃；扫描方式：选择离子模式（SIM），选择离子见表2-16。

表2-16　　质谱检测生物碱的保留时间及定性定量离子

序号	化合物名称	保留时间/min	定量离子（*m/z*）	定性离子（*m/z*）
1	2-甲基喹啉（IS）	10.48	143	128
2	烟碱	10.66	84	133
3	降烟碱	12.59	119	147
4	麦斯明	12.81	146	118
5	假木贼碱	13.48	84	105
6	烟碱烯	13.71	158	130
7	新烟碱	14.32	160	54
8	2, 3′-二联吡啶	14.728	156	130
9	可替宁	17.91	176	98
10	*N*-甲酰基降烟碱	19.15	176	147
11	烟碱-1-氧代	19.82	84	133
12	D－8-2, 2′-二联吡啶（IS）	12.95	164	134

四、多酚/类黄酮LC-UV/MS法

参考沈丹红等的方法，称取25mg新鲜烟叶冻干粉末，加入2mL含有内标的萃取液，以$V_{甲醇}$：$V_{水}$=4：1为溶剂，配制牡荆黄素（内标）浓度为0.012g/L的内标萃取液，涡旋振荡5s混匀后超声萃取20min，1000r/min离心7min，取上清液经0.22μm有机相滤膜后分为两份，分别进行HPLC-UV和HPLC-MS测定。

有标准品的酚类采用HPLC-UV检测，以内标标准曲线法进行绝对定量分析。HPLC-UV条件：色谱柱Symmetry C_{18}（4.6mm×250mm，5μm），柱温30℃，检测波长340nm，进样量5μL，流速1.0mL/min，流动相A为$V_{水}$：$V_{甲醇}$：$V_{乙酸}$=44：5：1，流动相B为$V_{甲醇}$：$V_{水}$：$V_{乙酸}$=44：5：1，梯度洗脱：0.01min 10%B，15min 30%B，26～28min 90%B，28.1min 10%B。

无标准品的酚类物质用HPLC-MS检测，内标法半定量分析。HPLC-MS条件如下：Agilent SB-AQ色谱柱（1.8μm，2.1mm×100mm）；0.1%乙酸水（a）和乙腈（b）梯度模式洗脱，梯度优化为：0min 95/5（V_a/V_b），2min 85/15（V_a/V_b），10min 75/25（V_a/V_b），12min 5/95（V_a/V_b），连续冲洗3min，随后起始梯度平衡8min。柱温50℃，流速0.30mL/min，柱后无分流引入质谱。进样量3μL。MS条件：电离方式电喷雾电离源（ESI^+），分子质量扫描范围

100～1000u，氮气温度350℃，干燥气流速9mL/min，毛细探针电压4000V，溶剂化离子去簇电压175V，锥孔电压65V，八级杆电压750V。

五、脂质组液相色谱-飞行时间质谱（LC-Q-TOF/MS）方法

参考Li等的方法，称取20mg新鲜烟叶粉末于2mL EP管，加入400μL甲醇溶液（$V_{甲醇}:V_{水}=1:1$），30μL混标，涡旋振荡30s，再加入600μL甲基叔丁基醚，涡旋振荡30s，最后加入120μL甲醇溶液（$V_{甲醇}:V_{水}=1:3$），涡旋振荡30s。静置10min，离心2min，取400μL上层脂相，加入600μL稀释剂涡旋振荡混匀后进样分析。采用的分析条件为：色谱柱：Waters T3（1.8μm，2.1mm×100mm）；柱温：55℃；柱流速：0.26mL/min；进样量：4μL；流动相A：$V_{乙腈}:V_{水}=6:4$（含10mmol/L乙酸铵）；流动相B：$V_{异丙醇}:V_{乙腈}=9:1$（含10mmoL/L乙酸铵）；平衡时间：5min；梯度洗脱条件如表2-17所示。

表2-17　流动相的淋洗梯度

时间/min	流动相B/%	流速/（mL/min）
0	30	0.26
1.5	54	0.26
4.0	55	0.26
14.0	80	0.26
17.0	85	0.26
17.5	100	0.26

MS条件：电离方式电喷雾电离源（ESI^+），分子质量扫描范围300～1100u，氮气温度350℃，干燥气流速9mL/min，毛细探针电压4000V，溶剂化离子去簇电压230V，锥孔电压65V，八级杆电压750V。

采用精确分子质量和二级质谱碎片相结合的方式定性，利用脂类对内标的面积比来相对定量。

六、拟靶向衍生化GC-MS

参考Zhao等的方法，内标选用十三酸（Tridecanoic acid），配成2mg/mL的母液（甲醇溶解）。取20mg样品，加入1.5mL萃取溶剂（$V_{异丙醇}:V_{乙腈}:V_{水}=$

3∶3∶2，每毫升萃取溶剂中含1μL内标十三酸，即2μg/mL），超声波处理1h（为了防止超声波处理过程中水温升高和超声位点的不均匀影响样品成品，所以使用循环水，并且每隔15min换位一次）。超声波处理后涡旋振荡30s使样品混合后，14000r/min离心10min，取500μL上清液（放入尖底进样瓶里），用氮吹仪吹干。吹干后，加入100μL 20mg/mL的甲氧胺吡啶溶液，涡旋振荡30s后（15s/次）在37℃下孵育90min，再加入100μL硅烷化时间MSTFA（BSTFA），涡旋振荡20s后，60℃ 200r/min摇床振荡硅烷化60min，放置至室温后进内衬，GC-MS分析。

实验仪器为Agilent7890A气相色谱系统和5975质量选择检测器（MSD）（安捷伦，美国），色谱柱为安捷伦DB-5MS，柱温箱初始温度是70℃，持续4min，然后以5℃/min增加到310℃，持续15min，上样体积1μL，分流比10∶1，柱流量为1.2mL/min，连接处和离子源的温度为280℃和230℃。在仪器分析之前，使用全氟三丁胺（PFTBA）对质谱计进行调谐，以获得最佳性能，同时采用全扫描选择离子监测模式（Scan-SIM）进行数据采集。在全扫描模式下，质谱扫描范围*m/z*设置为33～600。

七、非靶向LC-Q-TOF/MS法

取烟叶冻干粉末20mg于2mL离心管中，加入提取溶剂75%的甲醇（1L提取液中含内标伞形花内酯5mg）1.5mL，室温超声波提取60min，提取液离心，12000r/min，15min；取上清液1mL转移到新的2mL样品瓶中。

色谱条件：采用Agilent-Zorbax（SB C18，100mm×2.1mm ID，1.8μm）色谱柱，以0.1%甲酸水溶液（A）和0.1%甲酸乙腈（B）作为流动相。线性洗脱程序：2min内流动相B的体积分数从15%上升到30%，2～10min从30%上升到85%，10～15min从85%上升到90%，17min后上升至100%并保持3min，然后回到初始比例，平衡4min，流速为0.3mL/min，柱温为60℃，检测波长200～400nm。

质谱条件：正离子模式检测，干燥气温度：350℃；干燥气流速：12L/min；喷雾器压力：275.6kPa；鞘气温度：350℃；鞘气流速：10L/min；毛细管电压：3500V；喷嘴电压：480V，锥孔电压：65V；碎裂电压：130V；八级杆射频电压：750V；扫描范围（*m/z*）：50～1000。

第三章
中国烤烟烟叶香型划分及区域定位

第一节　中国烤烟烟叶香型划分

一、全国烤烟烟叶生态分型

1. 清香型、浓香型、中间香型分区

将全国植烟区1067个站点的气象数据，按照5km×5km网格插值生成每个格点的气象数据（不做地形校正），代入已经建立的烤烟香型判别方程，得到每个格点的烤烟香型，形成如图3-1的清香型、浓香型、中间香型分布图。由图3-1可以看出，中间香型分布区域被清香型和浓香型分布区分割，中间香型的气候条件介于清香型和浓香型之间，香型特征表述也没有清香型和浓香型清晰。

清香型、浓香型、中间香型分布图的偏差来源：香型判别方程训练样本包含的典型产区是多年评吸结果的总结，同一产区因气候年型导致的差异无法在判别方程中得到体现；全国烤烟种植区的香型分区计算精度是5km×5km网格的格点，由于计算工作量大，范围宽，很难逐区域进行地形校正，计算会产生偏差；对特定区域进行香型判别，其实质是不同香型出现的概率，对于一个香型向另一个香型过渡的区域，会因判别计算的可靠性不高导致偏差。

2. 清香型、浓香型、中间香型的区域渐变

香型指数定义如下：

$$香型指数=\frac{判别方程的香型计算值}{MAX（香型计算值）}\times 100$$

采用上式计算全国烤烟产区不同格点的香型指数，形成烤烟香型指数渐变分布图（图3-2）。渐变图试图解释某种香型在整个分布区域内，不同地域的香型表达强度（何地是起点；如果过度，何地可能是终点）。但是，起点或终

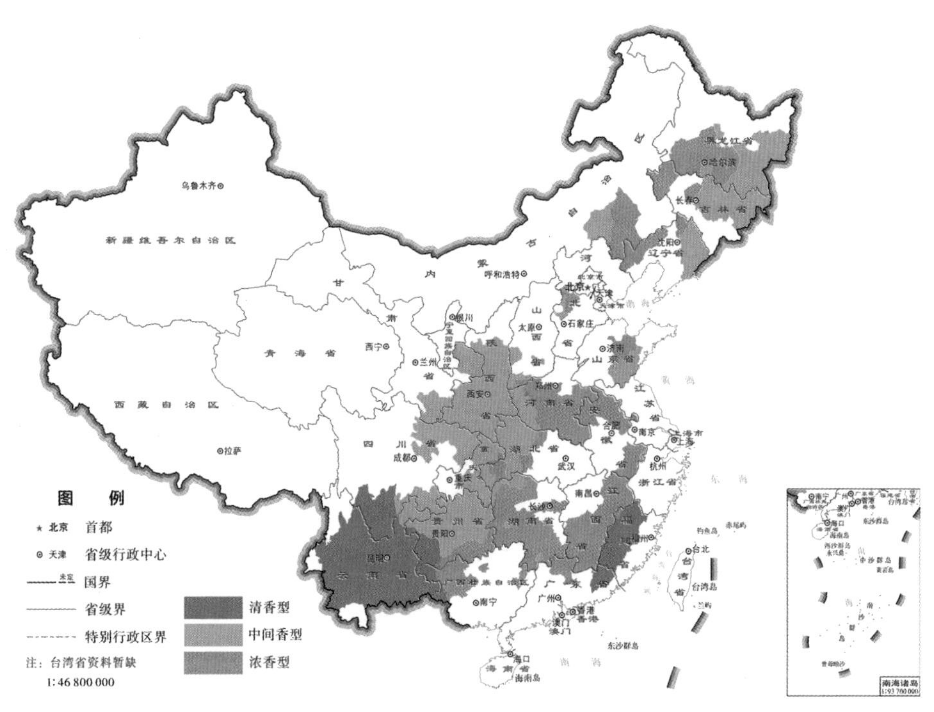

图3-1 基于气象因子评价模型的烤烟香型分区图

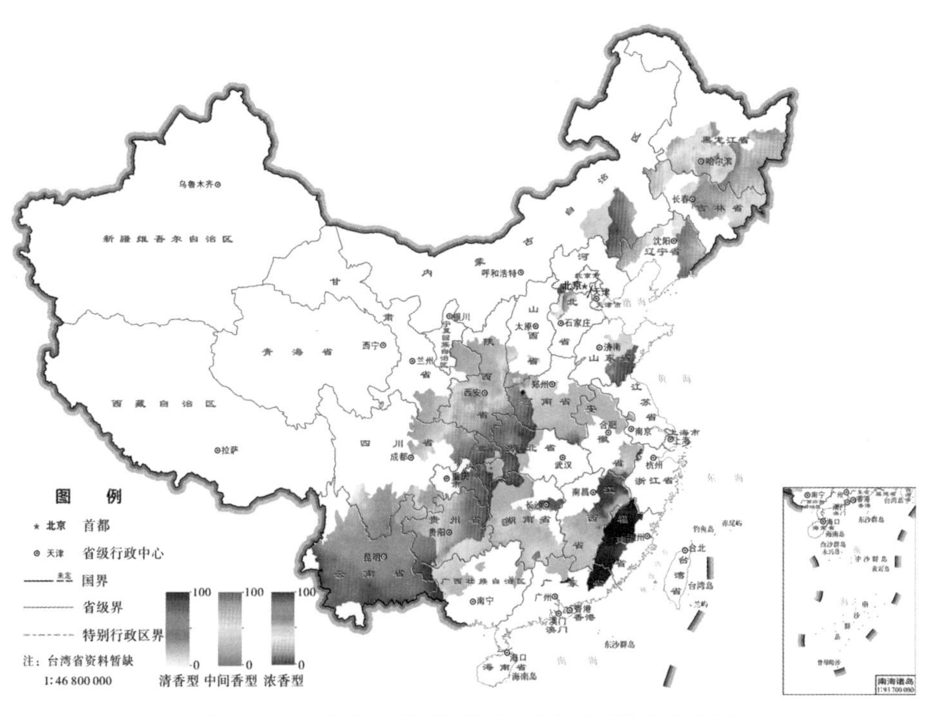

图3-2 基于气象因子评价模型的烤烟香型指数渐变图

点的位置并非是该香型最佳的形成区域，因为烟叶化学物质的合成或分解是特定生态环境综合作用的结果，而特征物质的形成所需要的环境条件也并非是判别方程中起点或终点的条件。

清香型、浓香型、中间香型的区域香型渐变的偏差来源：主观定义的香型指数的可靠性需要证实或证伪，并需要长时间尺度的实证研究；代表烤烟香型的特征化学成分在该香型区域的分布及其变化过程即为该香型的渐变过程，而数学方法模拟的结果很难和判别方程保持趋势一致性。

3. 全国烤烟烟叶香型生态分型

为了减少香型之间的过渡区，以提高判别精度，把中间香型分布区域中清香型指数大的区域以清香型指数计算、浓香型指数大的区域以浓香型指数计算，将烤烟种植区清香型指数和浓香型指数同时均分为五等分，形成10个生态特色区（图3-3）。

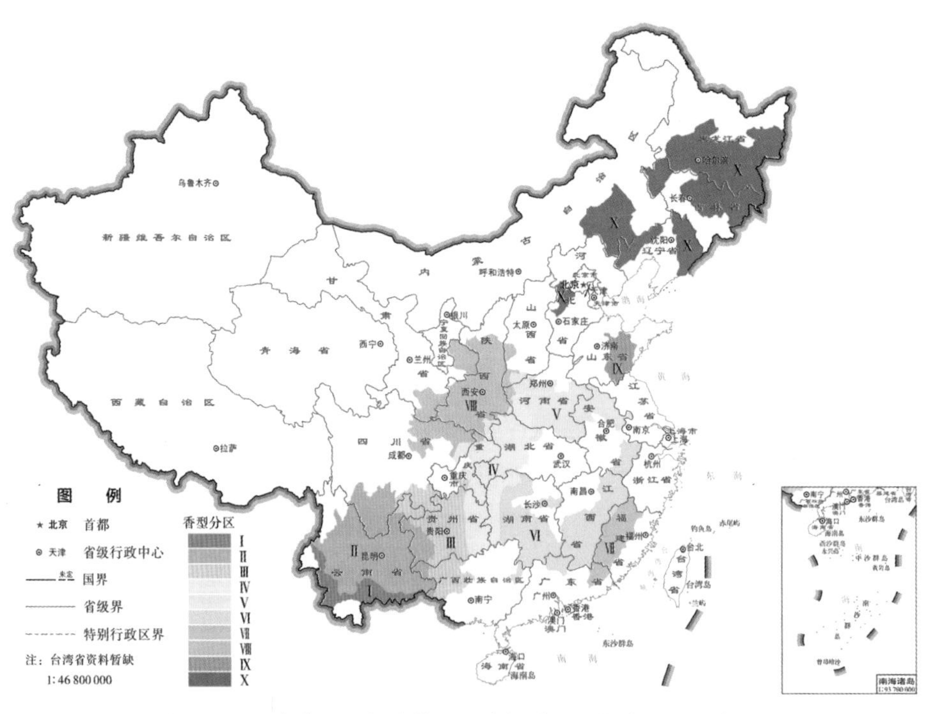

图3-3　基于气象因子评价模型的烤烟香型风格分区图（草图）

二、全国烤烟烟叶感官分型

1. 全国烤烟烟叶香韵特征

全国烤烟烟叶包含有干草香、清甜香、焦甜香、蜜甜香、醇甜香、青香、酸香、焦香、烘焙香、木香、辛香、坚果香、树脂香、花香等香韵，其中干草香、醇甜香、酸香、焦香、烘焙香、木香、辛香为共有香韵，清甜香、焦甜香、蜜甜香、青香、坚果香、树脂香、花香等为特征香韵。根据产地不同，各烤烟烟叶样品呈现出不同的个性化香韵种类组成。

比较全国不同产地烟叶样品特征香韵组成（表3–1），云南省、四川省和贵州省烟叶主要由清甜香、蜜甜香、青香等特征香韵组成；福建省烟叶主要由清甜香、蜜甜香、青香和花香组成；重庆市、湖北省烟叶主要由蜜甜香和青香组成；河南省烟叶由焦甜香、坚果香和树脂香组成；湖南省、江西省、安徽省、广东省烟叶主要由焦甜香、坚果香组成；陕西省、山东省、黑龙江省、内蒙古自治区烟叶主要由蜜甜香、焦甜香和青香等特征香韵组成。

表3–1　　2014年全国典型产地烤烟烟叶样品特征香韵种类

产地		特征香韵种类
云南省	玉溪市江川区	清甜香、蜜甜香、青香
	宜良县	清甜香、蜜甜香、青香
	祥云县	清甜香、蜜甜香、青香、花香
	宁洱哈尼族彝族自治县	清甜香、蜜甜香、青香、焦甜香
四川省	会理市	清甜香、蜜甜香、青香
贵州省	兴仁市	清甜香、蜜甜香、青香
	遵义市	清甜香、蜜甜香、青香
	贵定县	清甜香、蜜甜香、青香
	德江县	蜜甜香、青香
福建省	龙岩市永定区	清甜香、蜜甜香、青香、花香
河南省	襄城县	焦甜香、坚果香、树脂香
	确山县	焦甜香、坚果香
	宝丰县	焦甜香、坚果香、树脂香
湖南省	桑植县	蜜甜香、焦甜香
	桂阳县	焦甜香、坚果香
	江华瑶族自治县	焦甜香、坚果香
江西省	信丰县	焦甜香、坚果香
安徽省	宣城市	焦甜香、坚果香
广东省	南雄市	焦甜香、坚果香
陕西省	旬阳市	蜜甜香、焦甜香、青香

续表

产地		特征香韵种类	产地		特征香韵种类
福建省	宁化县	清甜香、蜜甜香、青香、花香	陕西省	洛南县	蜜甜香、焦甜香、青香
	南平市建阳区	清甜香、蜜甜香、青香、花香	山东省	诸城市	蜜甜香、焦甜香
重庆市	巫山县	蜜甜香		蒙阴县	蜜甜香、焦甜香、坚果香、青香
	彭水苗族土家族自治县	蜜甜香、青香		五莲县	蜜甜香、焦甜香、坚果香、青香
湖北省	利川市	蜜甜香、青香	黑龙江省	宁安市	蜜甜香、焦甜香、青香
	咸丰县	蜜甜香、青香	内蒙古自治区	宁城县	蜜甜香、焦甜香、青香

从全国不同生态区烤烟烟叶香韵强度来看（图3–4～图3–9），云南省、四川省烟叶香韵强度从高到低为干草香、清甜香、青香、蜜甜香、醇甜香、木香、烘焙香等，主要以干草香、清甜香、青香为主体香韵。贵州省烟叶香韵强度从高到低为干草香、蜜甜香、醇甜香、木香、清甜香、青香、烘焙香等，主要以干草香、蜜甜香为主体香韵。云南省、四川省烟叶与贵州省烟叶为两种不同的香气风格类型，结合两个产地烟叶特征香韵种类组成，云南省、四川省烟叶香气风格特征可描述为清甜香韵突出，青香明显，贵州省烟叶可描述为蜜甜香韵突出。

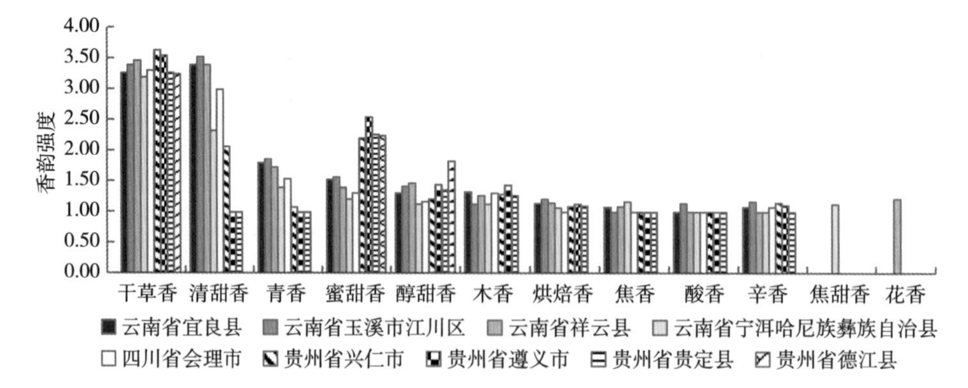

图3–4　2014年云南省、四川省、贵州省等产地烤烟烟叶香韵强度

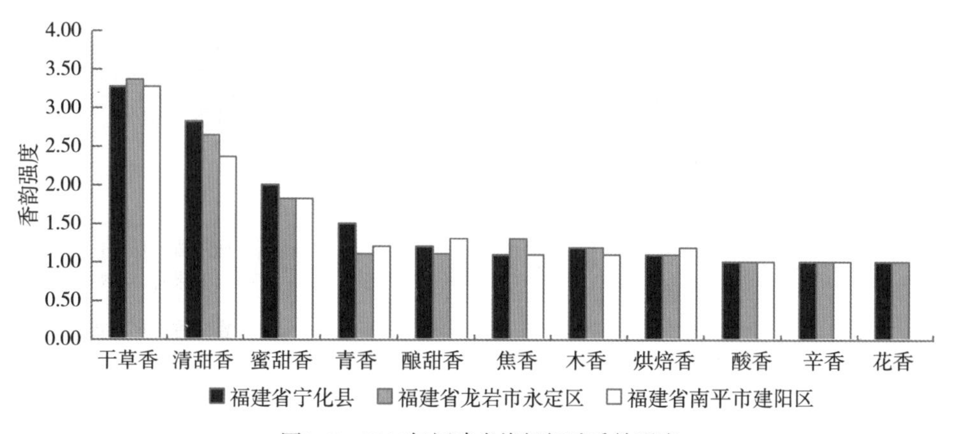

图3-5　2014年福建省烤烟烟叶香韵强度

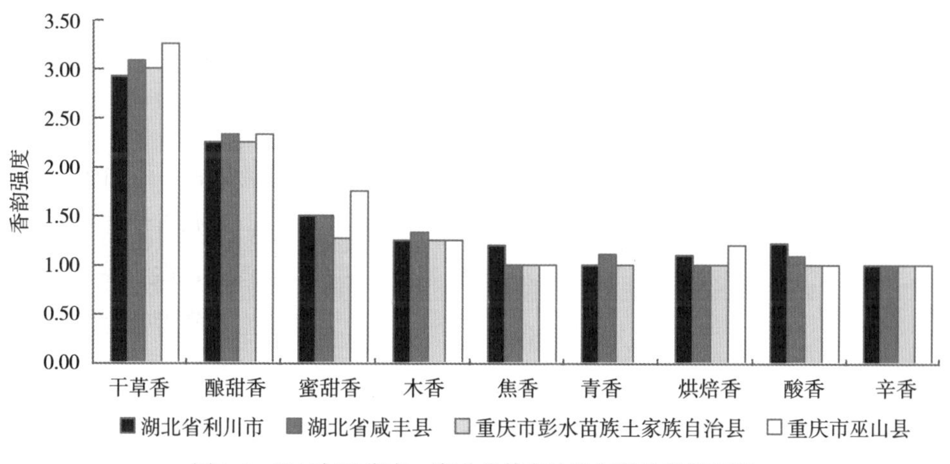

图3-6　2014年重庆市、湖北省等产地烤烟烟叶香韵强度

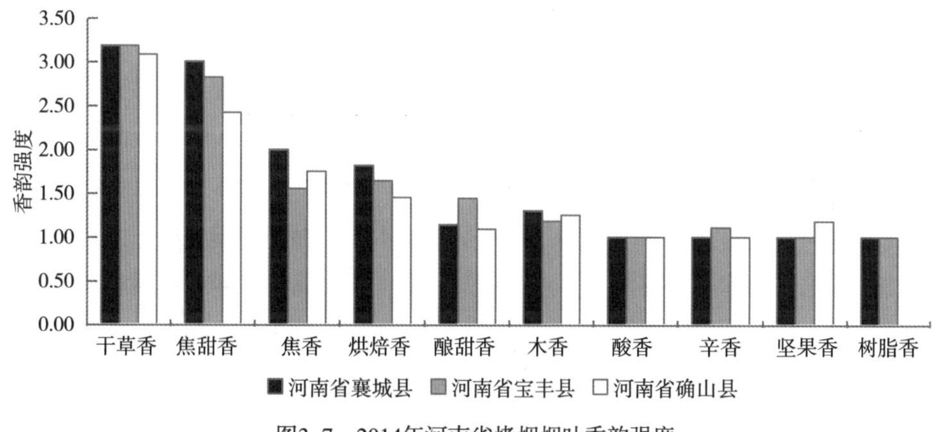

图3-7　2014年河南省烤烟烟叶香韵强度

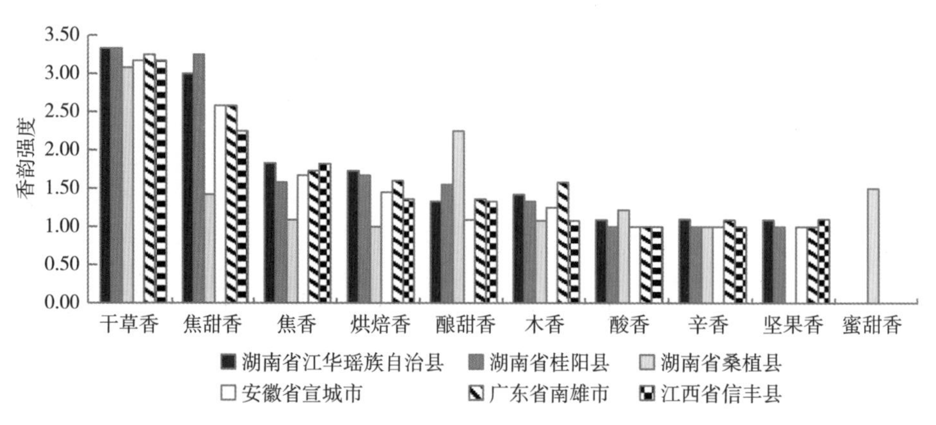

图3-8　2014年湖南省、江西省、安徽省、广东省等典型产地烤烟烟叶香韵强度

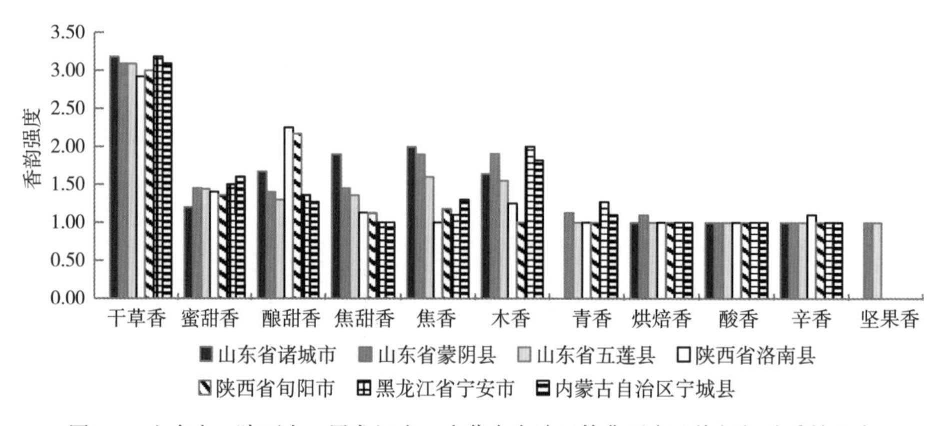

图3-9　山东省、陕西省、黑龙江省、内蒙古自治区等典型产地烤烟烟叶香韵强度

福建省烟叶样品香韵强度从高到低为干草香、清甜香、蜜甜香、青香、醇甜香、焦香等，以干草香、清甜香、蜜甜香为主体香韵，其特征香韵种类组成中的青香和花香微显，鉴于青香为云南省、四川省烟叶主体香韵和特征香韵种类组成之一，为了区别上述产地烟叶，福建省烟叶香气风格特征可描述为清甜香韵突出，蜜甜香韵明显，花香韵微显。

重庆市、湖北省烟叶样品香韵强度从高到低为干草香、醇甜香、蜜甜香、木香、焦香等，主要以干草香、醇甜香为主体香韵。其特征香韵种类组成中的蜜甜香、青香韵强度微显，属于云南省、四川省、贵州省等产地烟叶典型特征。因此，重庆市、湖北省烟叶香气风格特征可描述为醇甜香韵突出。

河南省烟叶样品香韵强度从高到低为干草香、焦甜香、焦香、烘焙香、醇

甜香、木香等，主要以干草香、焦甜香、焦香、烘焙香为主体香韵，其特征香韵种类组成中的坚果香、树脂香微显。湖南省（桂阳县、江华瑶族自治县等）、广东省、江西省、安徽省等典型产地烟叶样品香韵强度从高到低为干草香、焦甜香、焦香、烘焙香、醇甜香、木香等，主要以干草香、焦甜香、焦香、烘焙香为主体香韵，其特征香韵种类组成中的坚果香微显。由于河南省与湖南省（桂阳县、江华瑶族自治县等）、广东省、江西省、安徽省等典型产地烟叶特征香韵种类组成中的树脂香存在明显差异，并且湖南省（桂阳县、江华瑶族自治县等）、广东省、江西省、安徽省等多数典型产地烟叶醇甜香韵强度高于河南省，因此，河南省烟叶香气风格特征描述为焦甜香韵突出，树脂香微显，湖南省（桂阳县、江华瑶族自治县等）、广东省、江西省、安徽省等典型产地烟叶香气风格特征描述为焦甜香韵突出，醇甜香韵明显。

湖南省内的桑植烟叶与其他典型产地烟叶样品香气风格存在明显差异，其香韵强度从高到低为干草香、醇甜香、蜜甜香、焦甜香、焦香、木香等，以干草香、醇甜香为主体香韵，与重庆市、湖北省等产地烟叶主体香气风格特征一致。

山东省烟叶样品香韵强度从高到低为干草香、焦香、木香、焦甜香、蜜甜香、醇甜香、烘焙香等，主要以干草香、焦香、木香为主体香韵。陕西省烟叶样品香韵强度从高到低为干草香、醇甜香、蜜甜香、木香、焦甜香、焦香等，主要以干草香、醇甜香为主体香韵，与重庆市、湖北省等典型产地烟叶主体香气风格特征一致。黑龙江省、内蒙古自治区等典型产地烟叶样品香韵强度从高到低为干草香、木香、蜜甜香、醇甜香、青香、焦香等，主要以干草香、木香为主体香韵。上述产地烟叶特征香韵种类组成中的蜜甜香、焦甜香、青香韵强度均为微显，因此山东省、陕西省与黑龙江省和内蒙古自治区等典型产地烟叶属于三种不同的香气风格类型，山东省烟叶香气风格特征可描述为焦香突出，黑龙江省、内蒙古自治区等产地烟叶香气风格特征可描述为木香突出。

2．全国烤烟烟叶杂气特征

全国烤烟烟叶样品的杂气种类包括青杂气、生青气、枯焦气和木质气等（表3–2）。从杂气种类组成来看，各省份烟叶均有青杂气、生青气、枯焦气和木质气等杂气，云南省、四川省、贵州省、重庆市、湖北省、福建省、陕西省、甘肃省等产地烟叶青杂气、生青气稍明显；山东省、江西省、安徽省、河南省、湖南省、陕西省、甘肃省等产地烟叶枯焦气稍明显，黑龙江省、辽宁省、内蒙古自治区、山东省等产地烟叶木质气稍明显。

表3-2　2013年全国典型产地烤烟烟叶杂气评价结果

产地		青杂气	生青气	枯焦气	木质气
云南省	玉溪市江川区	1.00	0.00	0.00	1.09
	宁洱哈尼族彝族自治县	1.00	0.00	1.11	1.64
四川省	会理市	1.30	1.09	0.00	1.00
贵州省	兴仁市	1.20	1.08	0.00	1.00
	遵义市	1.08	1.27	0.00	1.00
	贵定县	1.40	1.09	1.10	1.00
	德江县	1.18	1.30	1.00	1.00
福建省	龙岩市永定区	1.00	1.11	1.00	1.00
	宁化县	1.18	1.08	0.00	1.08
	南平市建阳区	1.10	1.31	1.00	1.00
重庆市	武隆区	1.15	1.08	1.40	1.15
	巫山县	1.14	0.93	1.00	1.25
陕西省	旬阳市	1.18	1.20	1.31	1.31
湖北省	利川市	1.07	1.27	1.22	1.00
河南省	襄城县	0.00	0.00	1.79	1.17
	确山县	1.22	1.22	1.30	1.25
	内乡县	1.10	0.00	1.64	1.30
湖南省	桑植县	1.18	1.00	1.08	1.15
	郴州市	1.00	0.00	1.25	1.17
	江华瑶族自治县	1.11	0.00	1.36	1.38
江西省	信丰县	1.13	1.10	1.38	1.29
安徽省	宣城市	1.38	1.11	1.21	1.08
广东省	南雄市	0.00	1.38	1.67	1.21
山东省	诸城市	1.25	1.11	1.43	1.14
	蒙阴县	1.18	1.22	1.36	1.08
黑龙江省	宁安市	1.30	1.09	1.22	1.08
辽宁省	宽甸满族自治县	1.50	1.31	1.11	1.07
	开原市	1.09	1.17	1.00	1.15

3．全国烤烟烟叶烟气浓度和劲头特征

全国各产地烟叶烟气浓度、劲头相比较，湖南省烟叶浓度稍大，黑龙江省、辽宁省、内蒙古自治区等东北地区产地烟叶浓度、劲头稍小，全国其他产地烟叶差异不明显。

4．全国烤烟烟叶感官分型

依据全国各产地烟叶香型风格评价结果，全国大多数产地烟叶不同年份间的香型风格主体特征保持相对稳定，但也存在部分产地，如贵州省毕节市（威宁彝族回族苗族自治县）、六盘水市（盘州市）和黔西南布依族苗族自治州（兴义市、兴仁市等），湖南省张家界市、湘西土家族苗族自治州等，以及陕西省、甘肃省等，烟叶香型风格在不同年份间的变化稍大。

总体来看，全国烤烟烟叶香型风格感官特征主要呈现出以下几种类型："清甜香突出，青香明显"为特征的云南省大部分以及四川省（凉山彝族自治州、攀枝花市）等产地烟叶；"蜜甜香突出"为特征的贵州省（遵义市、黔南布依族苗族自治州等）、广西壮族自治区（百色市、河池市市）和四川省（泸州市、宜宾市）等产地烟叶；以"醇甜香突出"为特征的重庆市、湖北省等产地烟叶；以"焦甜香突出，焦香较明显，树脂香微显"为特征的河南省等产地烟叶；以"焦甜香突出，甜香明显，尤其是醇甜香较明显"为特征的湖南省、江西省、安徽省等产地烟叶；以"清甜香突出，蜜甜香明显，花香微显，香韵种类丰富"为特征的福建省烟叶；以"焦香突出，蜜甜香明显，木香较明显，香韵较丰富"为特征的山东省烟叶，以"木香突出，蜜甜香明显"为特征的黑龙江省、辽宁省、内蒙古自治区等产地烟叶。除了上述几种特征明显的香气风格类型外，也有部分产地烟叶香气风格具有一定特征，但是否列为一种类型，需要进一步验证，如云南省临沧市、保山市等产地烟叶，以清甜香、蜜甜香、焦甜香、木香等为主体香韵，清甜香突出。

三、分型结果化学验证

全国烤烟烟叶生态分型、感官分型的结果大部分能够相互支撑，呈现出较好的吻合度，但也存在部分差异，如甘肃省、陕西省、四川省广元市等地烟叶，因此针对生态、感官维度的香型划分结果，进一步进行烤后烟叶化学成分含量一致性验证。

选择能够表征烟叶香型风格特征和差异的常规化学成分（总糖、还原糖、氮、总植物碱、氯、钾、挥发碱等）、生物碱（烟碱、降烟碱、麦思明、假木贼碱、新烟草碱、2, 3′-联吡啶等）、色素（叶黄素、类胡萝卜素等）、多酚（绿原酸、莨菪亭、芸香苷等）、Amadori化合物（Fru-Pro、Fru-Ala等）、硅烷化指纹图谱、溶剂萃取重要香味成分、半挥发香气成分指纹图谱等多种化学成分进行检测。结果表明，云南省哀牢山以西以南的临沧市、保山市等产地烟叶，与玉溪市等云南省其他产地烟叶相比，含糖略低，香气成分略高，但与普洱市较为接近，Ⅰ区、Ⅱ区两个区域仍属于同一香型风格烟叶；广元市、汉中市、陇南市等产地烟叶与巫山县、彭水苗族土家族自治县、恩施土家族苗族自治州、十堰市等产地烟叶化学成分差异不明显，但糖含量高于河南省，香气成分低于河南省，与河南省烟叶能够较好的区分，因此，广元市、汉中市、陇南市等产地与巫山县、彭水苗族土家族自治县、恩施土家族苗族自治州、十堰市等产地烟叶属于同一香型。

在化学验证结果基础上，进一步对上述产地烟叶样品感官评价和产区生态数据地形校正，结果表明，虽然保山市、临沧市等产地烟叶与玉溪市等产地烟叶香型风格存在差异，但“清甜香韵突出”主体特征一致；陕西省、甘肃省等地北部气候特征接近河南省等产地，南部接近重庆市、湖北省等产地，因此从生态、感官、化学三个维度相互验证结果来看，全国烟叶可划分为八大香型。

将全国各产地烟叶样品化学成分含量进行Z-Score标准化处理，以八大香型风格区Z-Score年度平均值进行主成分分析（PCA），并与传统三大香型PCA进行比较（图3-10），结果表明，三大香型在PCA图上能进行一定区分，但重叠度较高，主要是同香型不同产地间存在一定差异。八大香型化学特征聚类效果较好，能更清晰地反映不同生态区烟叶特征。

四、分型结果代谢验证

连续多年不同产区烟叶成熟采收时，鲜烟叶的代谢组研究结果表明，我国烤烟鲜烟叶代谢组具有明显按照八大香型进行聚集的特点。如图3-11所示，按照三大香型来分析，可以看出：一，清香型和浓香型烟叶的代谢表型差异比较明显；二，中间香型烟叶代谢表型在PCA图上介于清香型和浓香型之间，但与清香型和浓香型的边界都不清晰。

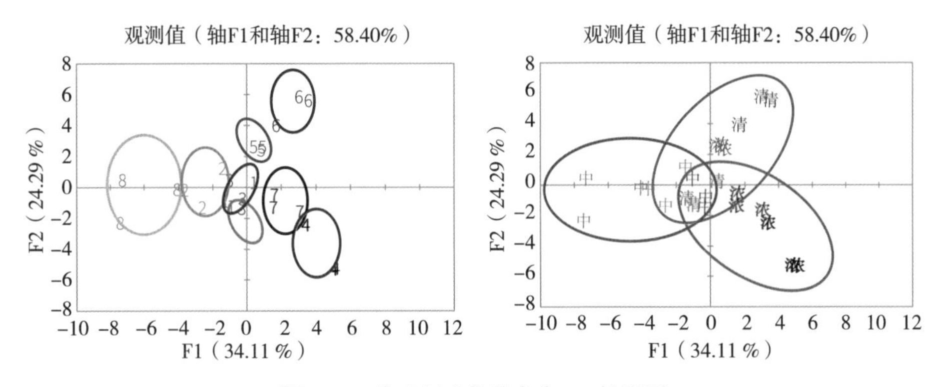

图3-10　烤后烟叶化学成分PCA投影图

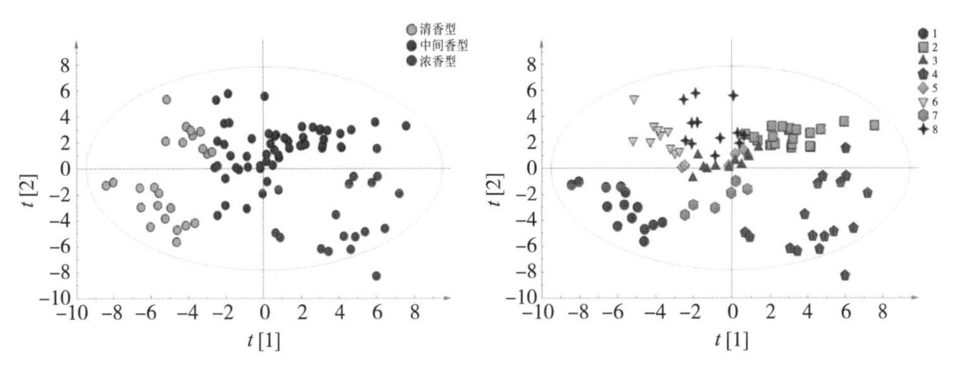

图3-11　全国不同香型风格区成熟期鲜烟叶代谢组主成分分析

按照八大香型来分析：八个风格区划的鲜烟叶在代谢组表型上的确存在差异；Ⅰ、Ⅱ、Ⅲ香型作为典型的传统三大香型产区，其代谢表型在PCA图上的差异还是较为明显的；Ⅳ、Ⅴ、Ⅶ香型作为传统的浓香型产区，在PCA图上的差异还是比较清晰的，说明将传统浓香型产区划分为三个风格区划也是比较符合鲜烟叶的代谢表型的。传统清香型产区在风格区划中分为Ⅰ香型和Ⅵ香型，PCA图上这两个区的边界也是较为清晰的，说明这两个风格区划的划分也是较为符合鲜烟叶的代谢表型的；Ⅲ香型和Ⅴ香型在鲜烟叶代谢组PCA投影图上的界限不是很清晰，除此外，其他六大香型风格区都具有按照区划进行聚集的特点。

以上分析表明，八大香型的划分相对于传统的三大香型划分对鲜烟叶代谢表型的表征更为细腻和准确。

五、八大香型的命名及特征

综合生态、感官、化学、代谢四个维度研究结果，将全国烟叶划分为八大香型。

Ⅰ香型是“清甜香突出，青香明显”的云南省、四川省（凉山彝族自治州、攀枝花市）烟叶；

Ⅱ香型是“蜜甜香突出”的贵州省（遵义市、黔南布依族苗族自治州等）、广西壮族自治区（百色市等）和四川省（泸州市、宜宾市）烟叶；

Ⅲ香型是“醇甜香突出”的重庆市、湖北省烟叶；

Ⅳ香型是“焦甜香突出，焦香较明显，树脂香微显”的河南省烟叶；

Ⅴ香型是“焦甜香突出，甜香明显，尤其是醇甜香较明显”的湖南省、江西省、安徽省烟叶；

Ⅵ香型是“清甜香突出，蜜甜香明显，花香微显，香韵种类丰富”的福建省烟叶；

Ⅶ香型是“焦香突出，蜜甜香明显，木香较明显，香韵较丰富”的山东省烟叶；

Ⅷ香型是“木香突出，蜜甜香明显”的黑龙江省、辽宁省、内蒙古自治区烟叶。

1. 香型风格命名、特征描述规则

本着简洁明确，易于推广的原则，经全国各产区、工业企业、相关管理部门和相关科研单位等研讨与建议，决定按照“典型地理生态+特征香韵”的规则命名香型，该规则既体现香型的主要感官特征，又突出生态的基础作用，八大香型命名如下：西南高原生态区——清甜香型、黔桂山地生态区——蜜甜香型、武陵秦巴生态区——醇甜香型、黄淮平原生态区——焦甜焦香型、南岭丘陵生态区——焦甜醇甜香型、武夷丘陵生态区——清甜蜜甜香型、沂蒙丘陵生态区——蜜甜焦香型、东北平原生态区——木香蜜甜香型。

2. 香型风格特征描述规则

风格特征描述按照“以____香韵、____香韵……为主体，辅以____香韵、____香韵……，其特征为____突出，……，……____杂气、____杂气……，烟气浓度……，劲头……”的表述方式描述香型风格特征，其中主体、辅助香韵

顺序，主要按照典型产地烟叶香韵标度值或出现频率从高到低或从多到少依次排列。例如，对于Ⅱ香型（贵州省、四川省泸州市和宜宾市等地），风格特征描述为：以干草香、蜜甜香为主体，辅以醇甜香、木香、清甜香、焦香等，其特征为蜜甜香突出，微有青杂气、生青气和木质气，烟气浓度、劲头中等。

第二节　八大香型烤烟烟叶区域定位

一、八大香型烤烟烟叶过渡区定位

根据全国八大香型风格烟叶划分结果，可初步确定各香型风格烟叶产地分布（表3-3）。由表3-3可知，除东北地区、山东省产区相互独立，无交界区域，且分别属于两个香型外，云南省、四川省、贵州省、重庆市、湖南省、陕西省、甘肃省、河南省、江西省、福建省等产区分布有五个香型，相邻香型产地相互交叉衔接，存在香型风格产地分布的过渡区域，如处于云南省、贵州省交界区的毕节市、黔西南布依族苗族自治州、六盘水市等地，处于贵州省、重庆市、湖南省交界区的湘西土家族苗族自治州、张家界市、怀化市等地，为了

表3-3　　八大香型风格烟叶区域分布初步划分

香型风格	区域分布
Ⅰ	玉溪市、昆明市、大理白族自治州、曲靖市、凉山彝族自治州、楚雄彝族自治州、攀枝花市、红河哈尼族彝族自治州、普洱市、文山壮族苗族自治州、临沧市、保山市、昭通市等
Ⅱ	遵义市、贵阳市、黔南布依族苗族自治州、安顺市、黔东南苗族侗族自治州、铜仁市、泸州市、宜宾市、河池市等
Ⅲ	重庆市、恩施土家族苗族自治州、十堰市、宜昌市、湘西土家族苗族自治州、张家界市、怀化市、常德市、安康市、广元市、汉中市、陇南市等
Ⅳ	许昌市、平顶山市、漯河市、驻马店市、南阳市、洛阳市、三门峡市等
Ⅴ	郴州市、永州市、韶关市、宣城市、赣州市、芜湖市、长沙市、邵阳市、池州市、抚州市等
Ⅵ	三明市、龙岩市、南平市等
Ⅶ	潍坊市、临沂市、日照市等
Ⅷ	牡丹江市、丹东市、哈尔滨市、朝阳市、铁岭市、绥化市、赤峰市等

更好地指导烟叶生产与工业使用，对上述过渡区产地烟叶香型风格进行重点分析。

1. Ⅰ、Ⅱ香型过渡区分析

处于Ⅰ、Ⅱ香型过渡区的烟叶产地有云南省的昭通市、曲靖市（寻甸回族彝族自治县、马龙区、师宗县、宣威市等）和文山壮族苗族自治州、四川省的泸州市和宜宾市、贵州省的毕节市、六盘水市、黔西南布依族苗族自治州等地，区分Ⅰ、Ⅱ香型的主体特征香韵为清甜香和蜜甜香韵，因此，以清甜香、蜜甜香为主要指标对2014年、2015年上述过渡区产地香型进行分析（图3-12和图3-13）。

2014年、2015年的曲靖市（寻甸回族彝族自治县、马龙区、师宗县、宣威市等）、昭通市、文山壮族苗族自治州各产地烟叶清甜香韵突出且稳定，属于Ⅰ香型；泸州市、宜宾市、毕节市（大方县、织金县、金沙县）、黔西南布依族苗族自治州（安龙县、贞丰县）蜜甜香韵突出且稳定，属于Ⅱ香型。2014年的毕节市（威宁彝族回族苗族自治县）、黔西南布依族苗族自治州（兴义市）、六盘水市（盘州市）清甜香更为明显，属于Ⅰ香型，黔西南布依族苗族自治州

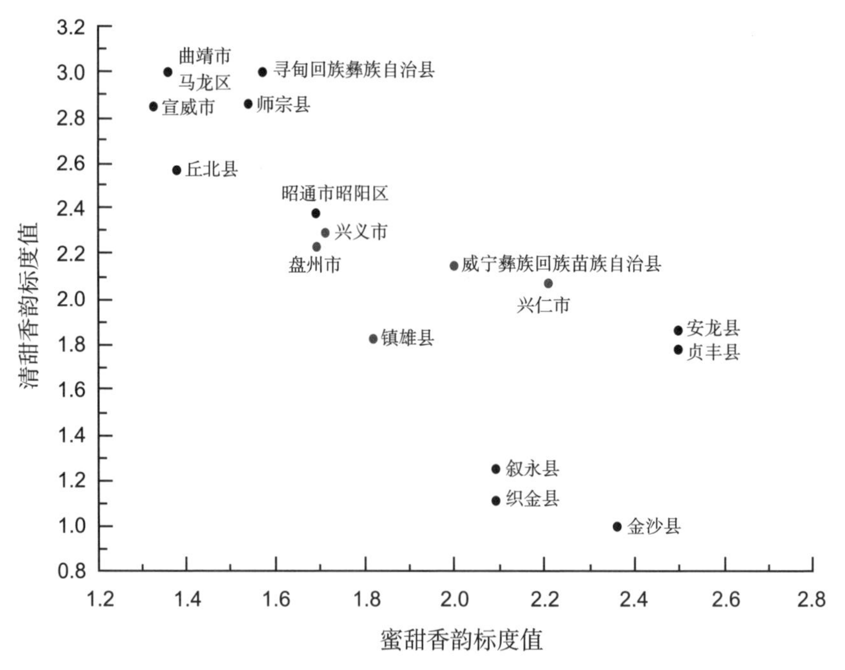

图3-12　2014年Ⅰ、Ⅱ香型过渡区产地香型分析

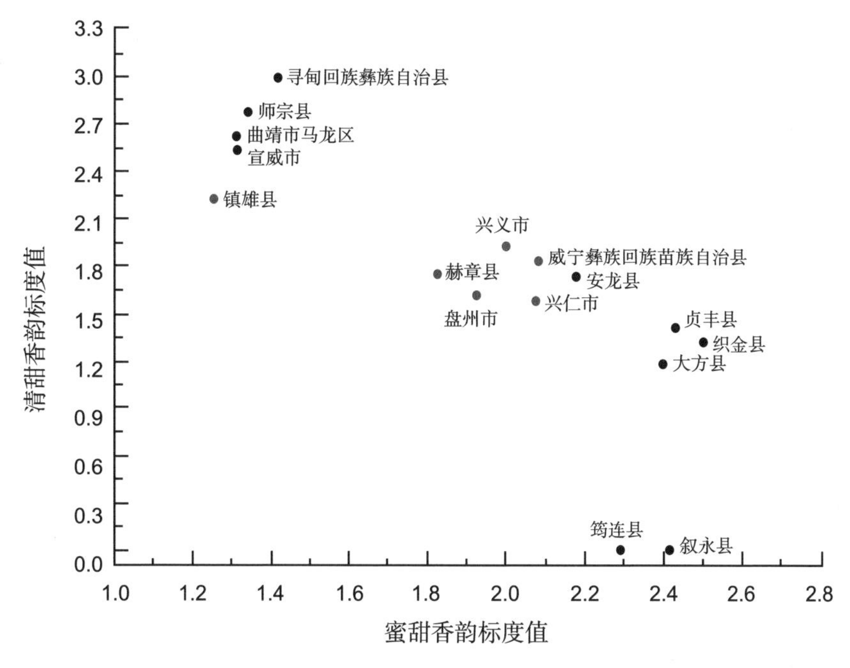

图3-13　2015年Ⅰ、Ⅱ香型过渡区产地香型分析

（兴仁市）蜜甜香更为明显，属于Ⅱ香型；2015年的毕节市（威宁彝族回族苗族自治县、赫章县）、黔西南布依族苗族自治州（兴义市、兴仁市）、六盘水市（盘州市）均为蜜甜香更明显，属于Ⅱ香型。

综上所述，根据香型风格评价结果，能够确定处于过渡区的曲靖市（寻甸回族彝族自治县、马龙区、师宗县、宣威市等）、昭通市、文山壮族苗族自治州各产地烟叶属于Ⅰ香型；泸州市、宜宾市、毕节市（大方县、织金县、金沙县）、黔西南布依族苗族自治州（安龙县、贞丰县）属于Ⅱ香型。

2. Ⅱ、Ⅲ、Ⅴ香型过渡区分析

处于Ⅱ、Ⅲ、Ⅴ香型过渡区的烟叶产地有贵州省的铜仁市（松桃苗族自治县、沿河土家族自治县等）、黔东南苗族侗族自治州（天柱县等）和遵义市（务川仡佬族苗族自治县等），重庆市（武隆区、黔江区、涪陵区、南川区等），湖南的湘西土家族苗族自治州、张家界市、常德市、怀化市、邵阳市、长沙市等地，区分Ⅱ、Ⅲ、Ⅴ香型的主体特征香韵为蜜甜香、醇甜香和焦甜香韵，因此，以三种香韵为主要指标对2014年、2015年上述过渡区产地烟叶香型进行分析（图3-14和图3-15）。

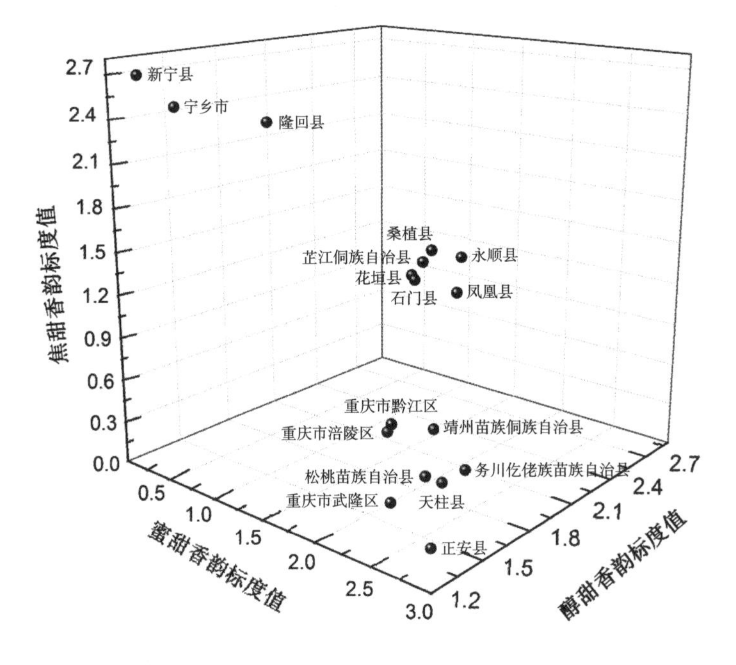

图3-14　2014年Ⅱ、Ⅲ、Ⅴ香型过渡区产地香型分析

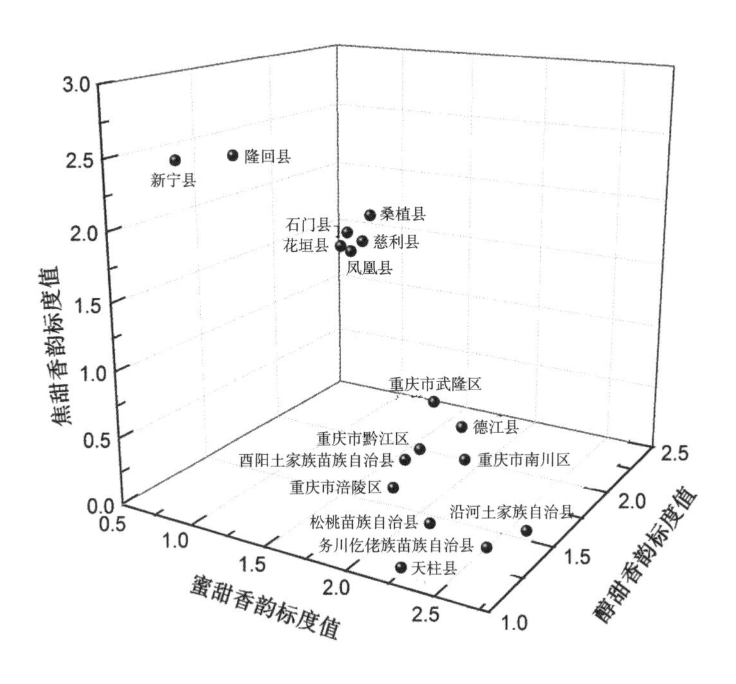

图3-15　2015年Ⅱ、Ⅲ、Ⅴ香型过渡区产地香型分析

2014年、2015年的湖南省邵阳市和长沙市烟叶焦甜香韵突出且稳定，属于Ⅴ香型，贵州省铜仁市（松桃苗族自治县、沿河土家族自治县等）、黔东南苗族侗族自治州（天柱县等）和遵义市（务川仡佬族苗族自治县等）烟叶蜜甜香韵突出且稳定，属于Ⅱ香型，重庆市（武隆区、黔江区、涪陵区、南川区等）、湖南省怀化市烟叶醇甜香韵突出且稳定，属于Ⅲ香型。2014年的湖南省湘西土家族苗族自治州、张家界市、常德市烟叶醇甜香韵明显，属于Ⅲ香型，但2015年的上述产地烟叶焦甜香更明显，属于Ⅴ香型。

综上所述，根据香型风格评价结果，能够确定处于过渡区的湖南省邵阳市和长沙市烟叶属于Ⅴ香型，贵州省铜仁市（松桃苗族自治县、沿河土家族自治县等）、黔东南苗族侗族自治州（天柱县等）和遵义市（务川仡佬族苗族自治县等）烟叶属于Ⅱ香型，重庆市（武隆区、黔江区、涪陵区、南川区等）、湖南省怀化市烟叶属于Ⅲ香型。

3．Ⅲ、Ⅳ香型过渡区分析

处于Ⅲ、Ⅳ香型过渡区的烟叶产地有陕西省、甘肃省、湖北省十堰市以及河南省三门峡市（灵宝市等）和南阳市（西峡县、内乡县等）等地，区分Ⅲ、Ⅳ香型的主体特征香韵为醇甜香、焦甜香韵，因此，以两种香韵为主要指标对2014年、2015年上述过渡区产地烟叶香型进行分析（图3-16和图3-17）。

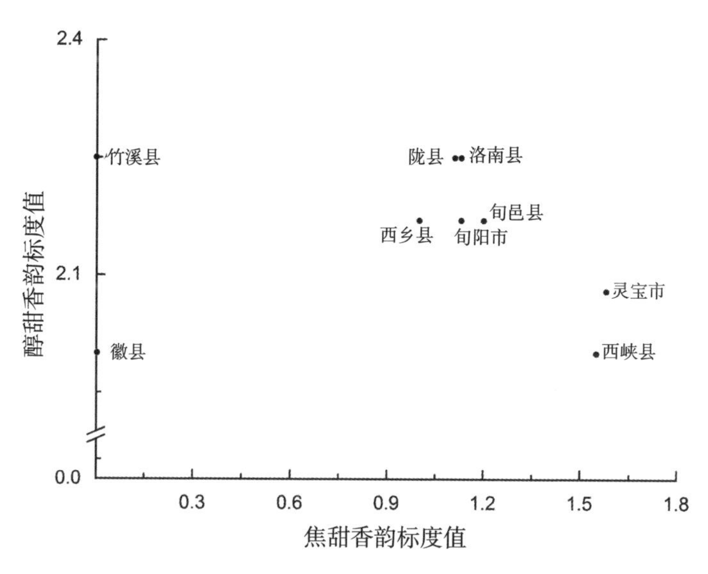

图3-16　2014年Ⅲ、Ⅳ香型过渡区产地香型分析

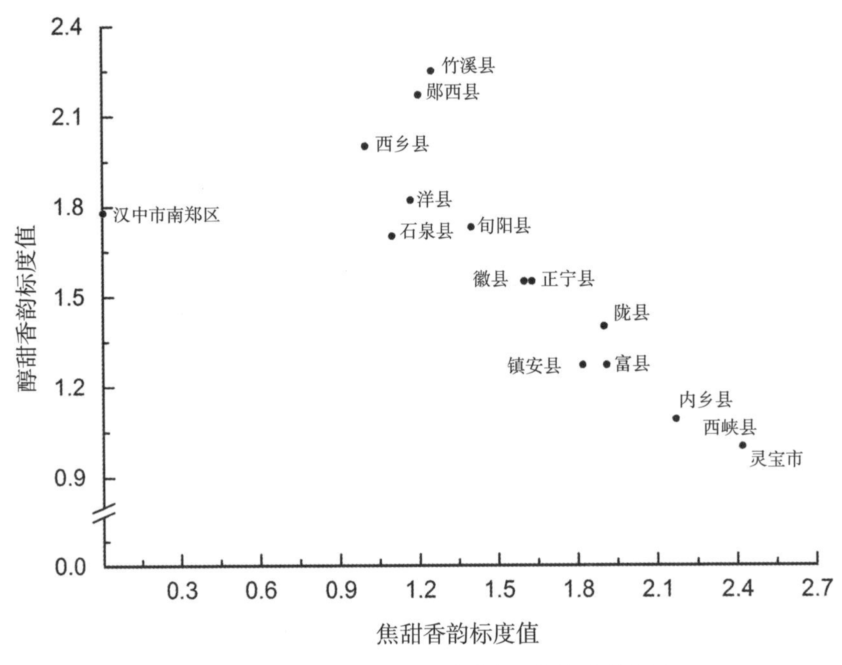

图3-17　2015年Ⅲ、Ⅳ香型过渡区产地香型分析

2014年、2015年的河南省三门峡市（灵宝县等）和南阳市（西峡县、内乡县等）烟叶焦甜香韵突出且稳定，属于Ⅳ香型，湖北省十堰市、陕西省安康市、汉中市等地烟叶醇甜香韵突出且稳定，属于Ⅲ香型。2014年的甘肃省和陕西省商洛市（洛南县等）、宝鸡市、咸阳市和延安市等地醇甜香韵明显，属于Ⅲ香型，但2015年的甘肃省和宝鸡市、咸阳市和延安市等地焦甜香韵明显，属于Ⅳ香型，陕西省商洛市（镇安县）醇甜香明显，属于Ⅲ香型。

综上所述，根据香型风格评价结果，能够确定处于过渡区的河南省三门峡市（灵宝县等）、南阳市（西峡县、内乡县等）烟叶属于Ⅳ香型，湖北省十堰市、陕西省安康市、汉中市等地烟叶属于Ⅲ香型。

4. Ⅴ、Ⅵ香型过渡区分析

处于Ⅴ、Ⅵ香型过渡区的烟叶产地有福建省三明市和南平市、江西省赣州市和抚州市等地，区分Ⅴ、Ⅵ香型的主体特征香韵为清甜香、焦甜香韵，因此，以两种香韵为主要指标对2014年、2015年上述过渡区产地烟叶香型进行分析（图3-18和图3-19）。

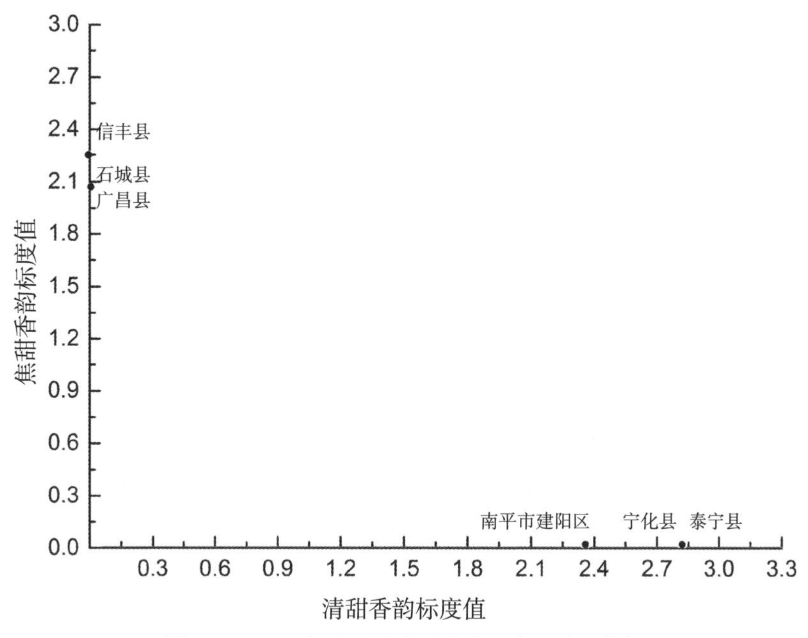

图3-18　2014年Ⅴ、Ⅵ香型过渡区产地香型分析

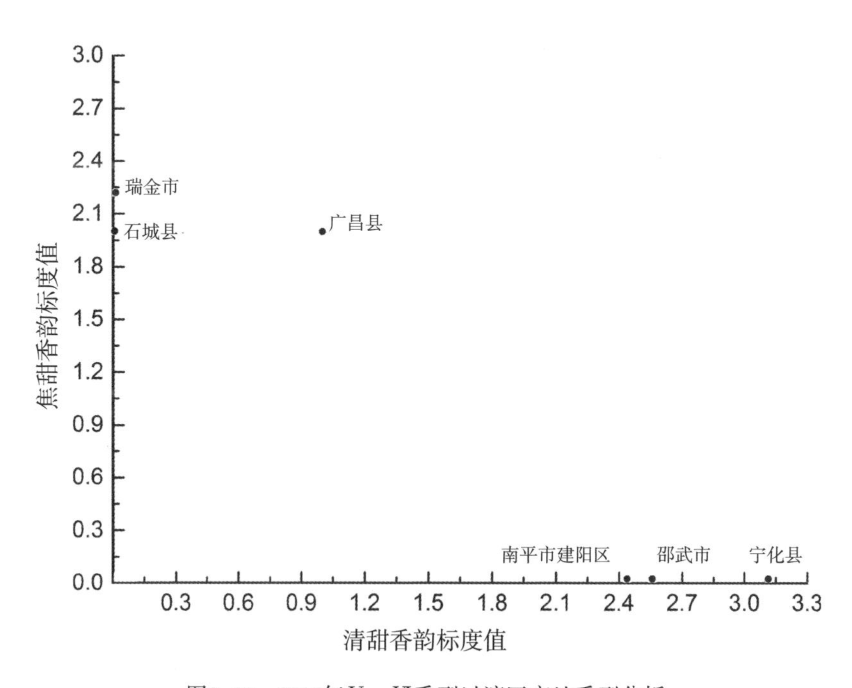

图3-19　2015年Ⅴ、Ⅵ香型过渡区产地香型分析

2014年、2015年的江西省赣州市和抚州市烟叶焦甜香韵突出且稳定，属于Ⅴ香型，三明市、南平市等地烟叶醇甜香韵突出且稳定，属于Ⅴ香型。

综上所述，根据香型风格评价结果，能够确定处于过渡区的江西省各产地烟叶属于Ⅴ香型，福建省各产地烟叶属于Ⅵ香型。

5. 区域分布

根据不同香型过渡区产地烟叶香型风格研究结果可知，部分产地烟叶香型风格特征明显，且年份间保持稳定，也存在一些相邻香型交界产地，例如，贵州省的毕节市（威宁彝族回族苗族自治县等）、六盘水市（盘州市等）和黔西南布依族苗族自治州（兴义市、兴仁市），湖南省的湘西土家族苗族自治州、常德市和张家界市，陕西省的宝鸡市、延安市和咸阳市以及甘肃省等地，烟叶香型特征不明显或年份间波动较大。因此，对于上述香型风格特征明显且稳定的产地，可直接划入所属香型风格区，对于特征不明显且波动较大的产地，为了给烟叶生产提供明确目标，指导产地品种选育以及相关生产技术措施的制定，应依据两方面原则进行产地香型划分：一是生态特色原则，特色的生态环境条件是形成独特香型风格的前提与基础，为了更好地发挥产地生态优势，彰显烟叶香型风格，产地所属香型应以生态特征为前提，依据全国烟叶香型风格生态区划分结果进行定位；二是尊重历史原则，多年以来，各产区已对于当地烟叶的香型风格、栽培技术以及工业原料需求等开展了大量的研究与实践工作，制定了相对规范化的技术操作措施，烟叶香型的划分应参考与尊重当地烟叶生产管理历史，科学划分产地所属香型。基于以上原则的部分产地所属香型风格区划分结果如下。

（1）在生态特征方面，毕节市西部、六盘水市西部、黔西南布依族苗族自治州西部、百色市西部属于Ⅰ香型，毕节市中部和东部、六盘水市中部和东部、百色市中部和东部等产地属于Ⅱ香型；在烟叶生产管理技术措施方面，上述产地均以Ⅰ香型特征为目标进行制定；为了更好地发挥当地生态优势，彰显烟叶香型风格，依据生态区划分结果进行产地香型定位，将毕节市西部、六盘水市西部、黔西南布依族苗族自治州西部划入Ⅰ香型，毕节市中部和东部、六盘水市中部和东部、百色市中部和东部等产地划入Ⅱ香型。

（2）湘西土家族苗族自治州、常德市和张家界市等地在生态特征方面属于

Ⅲ香型，且当地生产管理技术措施也符合Ⅲ香型特征，因此划入Ⅲ香型。

（3）陕西省宝鸡市、延安市、咸阳市、商洛市（洛南县等）和甘肃省庆阳市等地在生态特征方面属于Ⅳ香型，且烟叶生产管理技术措施也以Ⅳ香型特征为目标制定，因此划入Ⅳ香型。陕西省商洛市（镇安县）、甘肃省陇南市等地在生态特征和生产管理技术措施制定与Ⅲ香型一致，因此将其划入Ⅲ香型。

（4）山西省、广西壮族自治区（贺州市）、广东省（梅州市）、河北省等地在生态特征和烟叶生产技术措施方面分别与Ⅳ、Ⅴ、Ⅵ、Ⅷ香型一致，划入所属各香型。

修订完善后的全国烤烟烟叶香型风格区域分布划分结果见表3-4。

表3-4　八大香型风格烟叶区域定位

香型风格	区域分布
Ⅰ	玉溪市、昆明市、大理白族自治州、曲靖市、凉山彝族自治州、楚雄彝族自治州、攀枝花市、红河哈尼族彝族自治州、普洱市、文山壮族苗族自治州、临沧市、保山市、昭通市、毕节市西部、黔西南布依族苗族自治州西部、六盘水市西部、德宏傣族景颇族自治州、丽江市、百色市西部
Ⅱ	遵义市、贵阳市、毕节市中部和东部、安顺市、黔东南苗族侗族自治州、铜仁市、泸州市、宜宾市、六盘水市中部和东部、河池市、百色市中部和东部
Ⅲ	重庆市、恩施土家族苗族自治州、十堰市、宜昌市、湘西土家族苗族自治州、张家界市、怀化市、常德市、安康市、汉中市、商洛市（镇安县）、襄阳市、广元市、陇南市
Ⅳ	许昌市、平顶山市、漯河市、驻马店市、南阳市、商洛市（洛南县）、洛阳市、三门峡市、宝鸡市、咸阳市、延安市、庆阳市、周口市、商丘市、信阳市、临汾市、长治市、运城市
Ⅴ	郴州市、永州市、韶关市、宣城市、赣州市、芜湖市、长沙市、衡阳市、邵阳市、池州市、抚州市、益阳市、娄底市、贺州市、株洲市、黄山市、宜春市、清远市
Ⅵ	三明市、龙岩市、南平市、梅州市
Ⅶ	潍坊市、临沂市、日照市、淄博市、青岛市
Ⅷ	牡丹江市、丹东市、哈尔滨市、绥化市、赤峰市、延边朝鲜族自治州、朝阳市、铁岭市、大庆市、白城市、双鸭山市、鸡西市、七台河市、长春市、通化市、抚顺市、本溪市、鞍山市、阜新市、锦州市、张家口市、保定市、石家庄市

二、八大香型典型产地定位

根据全国烤烟烟叶香型风格评价结果，同一香型风格不同产地烟叶香型突显程度存在差异，为了更好地指导产区生产资源布局向优势区域集中，优化工业企业原料采购计划，以及满足香型风格机理性研究等工作需求，对八大香型风格典型产地进行定位。

1. Ⅰ香型

Ⅰ香型烟叶以干草香、清甜香、青香为主体香韵，其特征为“清甜香突出，青香明显”，因此以清甜香、青香为指标对2014年、2015年具有上述香型风格特征的烟叶产地进行排序，由图3-20和图3-21可知，按照区、县（自治县）进行产地排序，2014年、2015年的玉溪市江川区烟叶清甜香、青香标度值均最高，香型风格特征最突出，其次是宜良县、祥云县、南涧彝族自治县、玉溪市红塔区等产地烟叶。按照市、自治州进行产地排序，玉溪市各产地烟叶清甜香、青香标度值整体较高，其次是昆明市、大理白族自治州、曲靖市、凉山彝族自治州、楚雄彝族自治州、红河哈尼族彝族自治州、攀枝花市、普洱市、文山壮族苗族自治州、临沧市、保山市、昭通市、毕节市（威宁彝族回族苗

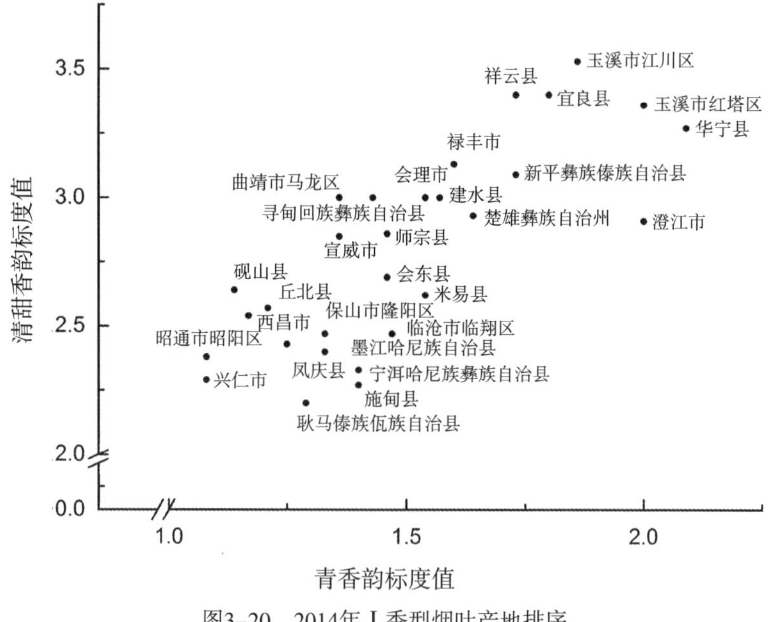

图3-20　2014年Ⅰ香型烟叶产地排序

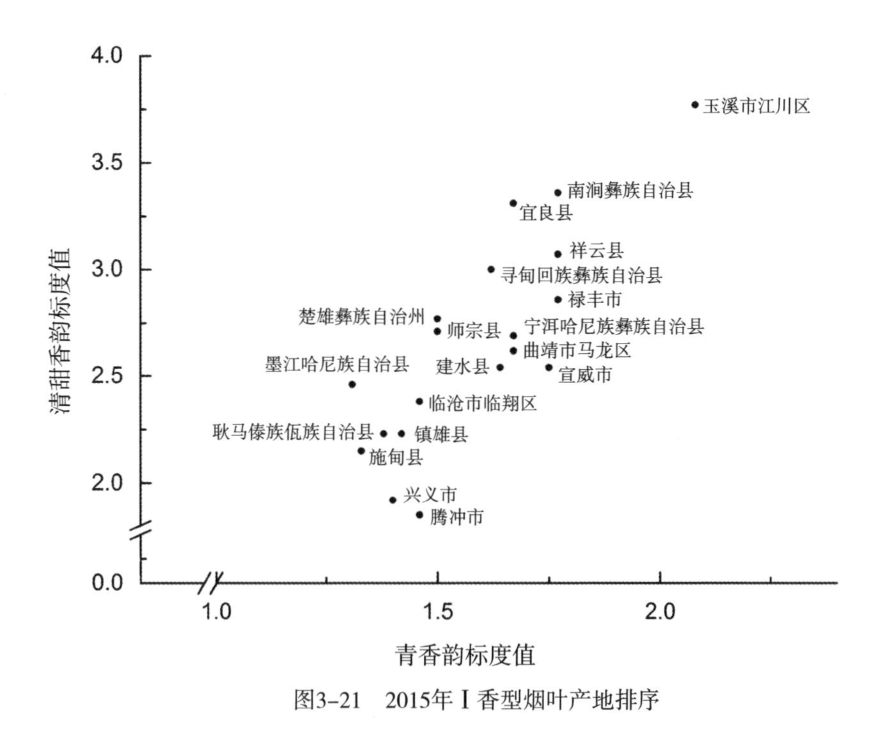

图3-21　2015年Ⅰ香型烟叶产地排序

族自治县）、黔西南布依族苗族自治州（兴义市、兴仁市）、六盘水市（盘州市）等。

2. Ⅱ香型

Ⅱ香型烟叶以干草香、蜜甜香为主体香韵，其特征为“蜜甜香突出”，因此以干草香、蜜甜香为指标对2014年、2015年具有上述香型风格特征的烟叶产地进行排序，由图3-22和图3-23可知，按照区、县（自治县）进行产地排序，2014年正安县烟叶蜜甜香韵标度值最高，香型风格特征最突出，其次是遵义市播州区、开阳县、大方县、金沙县等地；2015年黔南布依族苗族自治州平塘县烟叶蜜甜香韵标度值最高，其次是安顺市平坝区、沿河土家族自治县、麻江县、遵义市播州区、开阳县、务川仡佬族苗族自治县、织金县等地。按照市、自治州进行排序，遵义市各产地烟叶连续两年蜜甜香韵标度值整体较高，其次是贵阳市、毕节市（大方县、织金县、金沙县、黔西县、赫章县）、黔南布依族苗族自治州、黔西南布依族苗族自治州（安龙县、贞丰县）、安顺市、黔东南苗族侗族自治州、铜仁市、泸州市、宜宾市、百色市等。

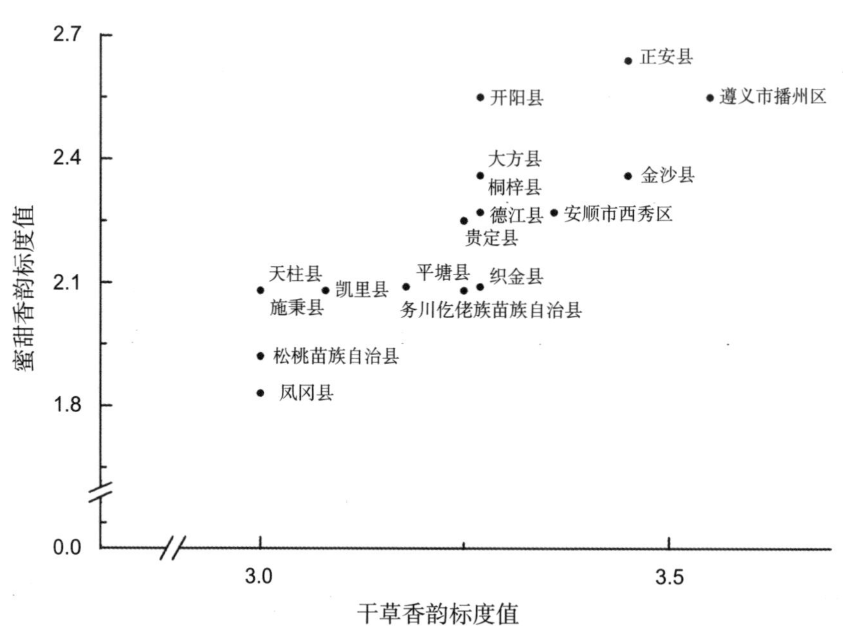

图3-22　2014年Ⅱ香型烟叶产地排序

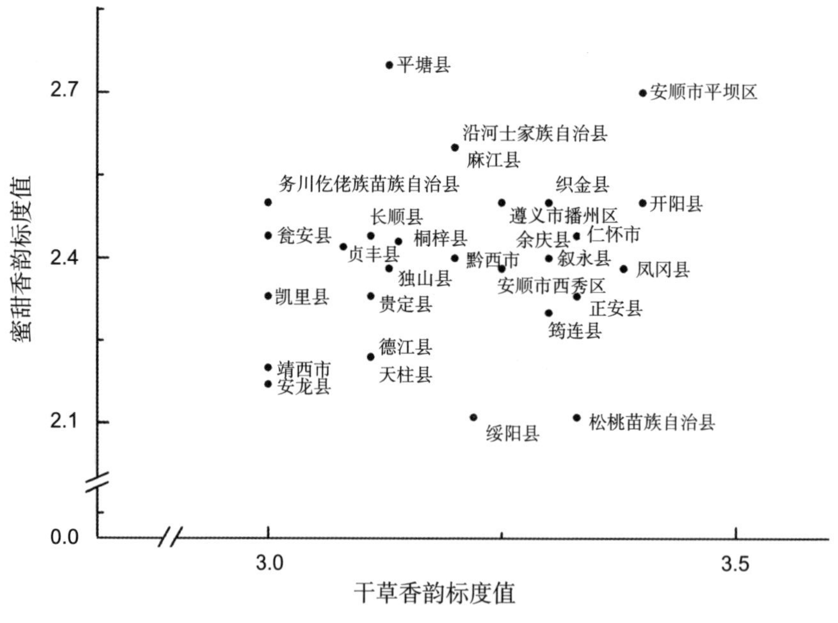

图3-23　2015年Ⅱ香型烟叶产地排序

3．Ⅲ香型

Ⅲ香型烟叶以干草香、醇甜香为主体香韵，其特征为“醇甜香突出”，因此以干草香、醇甜香为指标对2014年、2015年具有上述香型风格特征的烟叶产地进行排序，由图3–24和图3–25可知，2014年恩施土家族苗族自治州巴东县、湘西土家族苗族自治州永顺县、十堰市郧西县烟叶醇甜香韵标度值最高，香型风格特征最突出，其次是巫山县、靖州苗族侗族自治县、咸丰县、巫溪县等地；2015年重庆市武隆区烟叶蜜甜香韵标度值最高，其次是巫山县、竹溪县、恩施土家族苗族自治州等地。按照市、自治州进行排序，重庆市各产地烟叶连续两年醇甜香韵标度值整体较高，其次是恩施土家族苗族自治州、十堰市、宜昌市、湘西土家族苗族自治州、张家界市、怀化市、常德市、汉中市、广元市、陇南市等地。

4．Ⅳ香型

Ⅳ香型烟叶以干草香、焦甜香、焦香、烘焙香为主体香韵，其特征为“焦甜香突出，焦香较明显，树脂香微显”，因此以焦甜香、焦香为指标对2014

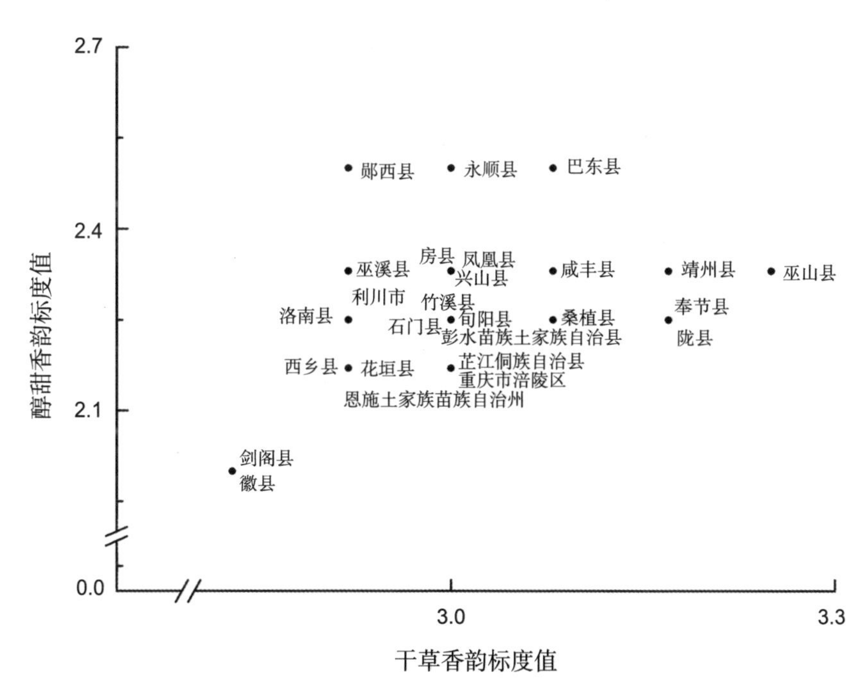

图3–24　2014年Ⅲ香型烟叶产地排序

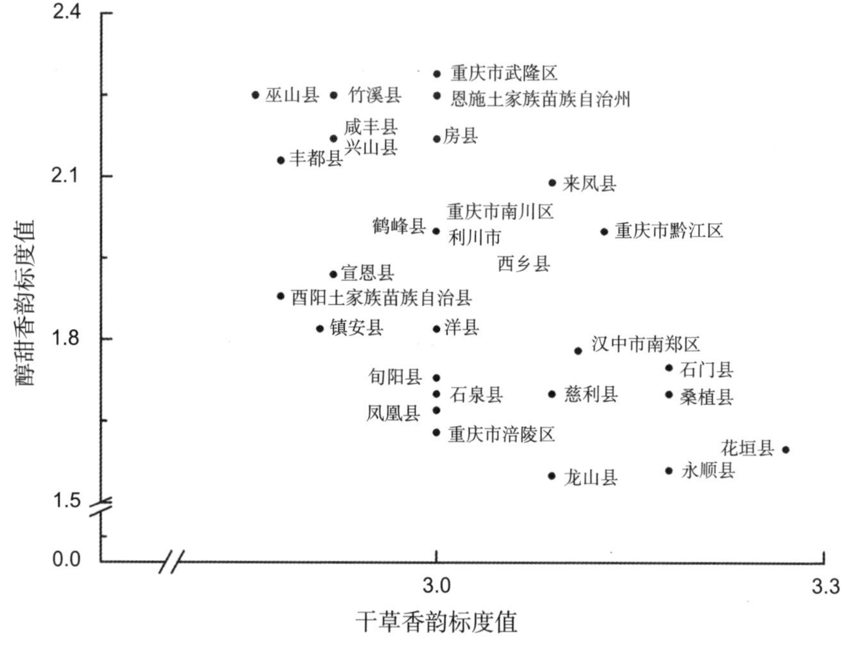

图3-25　2015年Ⅲ香型烟叶产地排序

年、2015年具有上述香型风格特征的烟叶产地进行排序，由图3-26和图3-27可知，按照市、县进行产地排序，2014年、2015年的襄城县烟叶焦甜香、焦香韵标度值均最高，香型风格特征最突出，其余产地中2014年依次是宝丰县、郏县、汝阳县、舞阳县等地，2015年依次是灵宝市、汝阳县、新安县、宜阳县、伊川县等地。按照市级进行排序，许昌市各产地烟叶连续两年焦甜香、焦香韵标度值整体较高，其次是平顶山市、漯河市、驻马店市、南阳市、洛阳市、三门峡市等地。

5. Ⅴ香型

Ⅴ香型烟叶以干草香、焦甜香、焦香、烘焙香为主体香韵，其特征为“焦甜香突出，醇甜香较明显，甜香韵较丰富”，因此以焦甜香、醇甜香为指标对2014年、2015年具有上述香型风格特征的烟叶产地进行排序，由图3-28和图3-29可知，按照区、县进行产地排序，2014年、2015年的桂阳县烟叶焦甜香、醇甜香韵标度值均最高，香型风格特征最突出，其次是江华瑶族自治县、安仁县等地。按照市级进行排序，郴州市各产地烟叶连续两年焦甜香、醇甜香

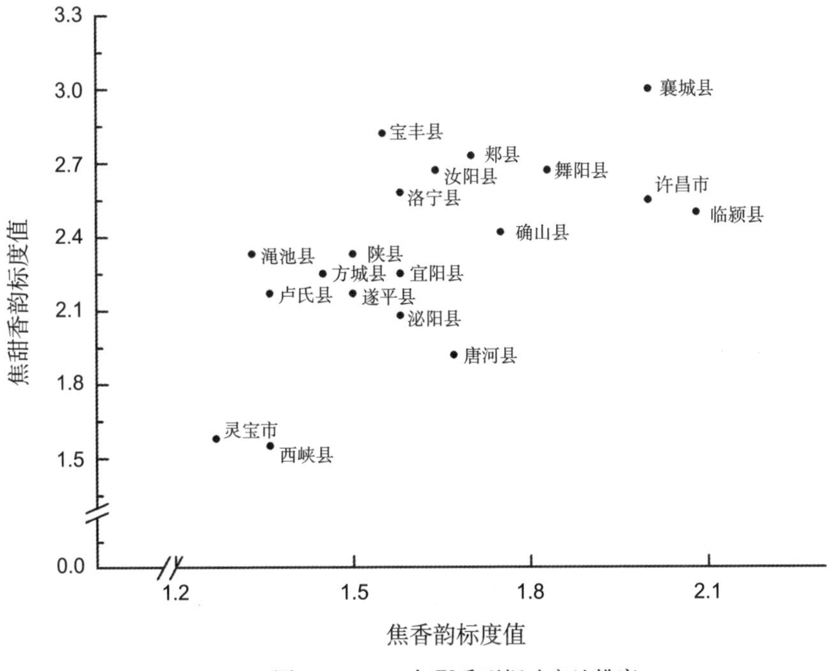

图3-26 2014年Ⅳ香型烟叶产地排序

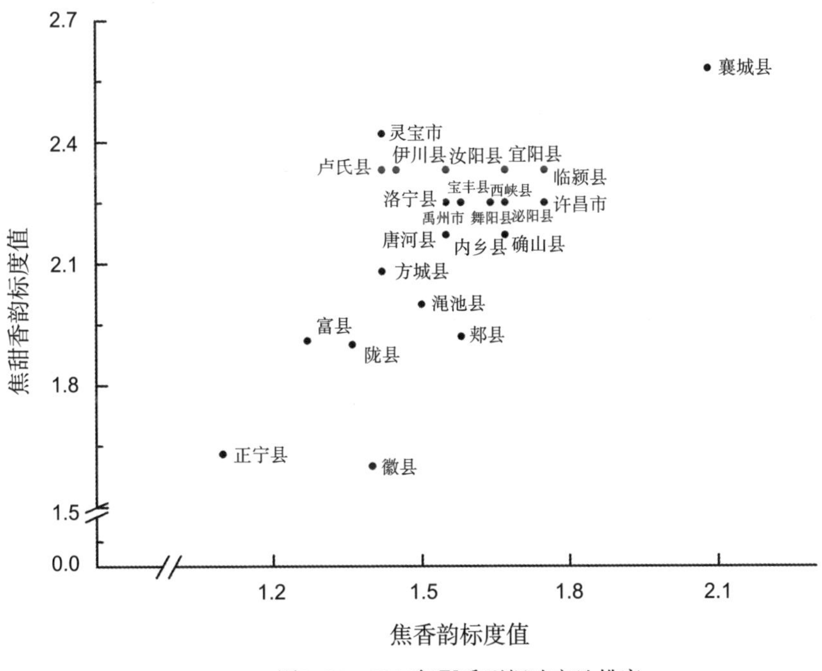

图3-27 2015年Ⅳ香型烟叶产地排序

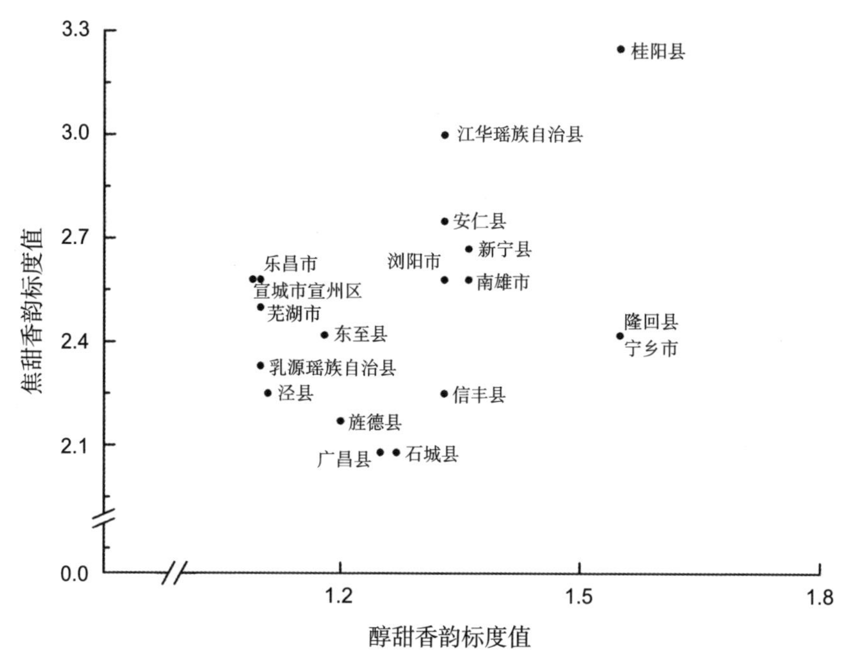

图3-28　2014年Ⅴ香型烟叶产地排序

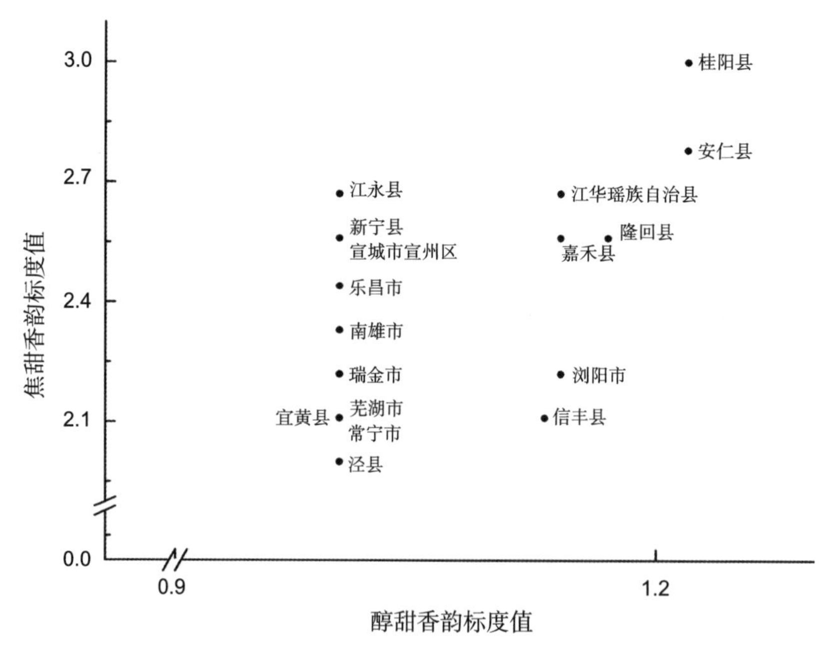

图3-29　2015年Ⅴ香型烟叶产地排序

韵标度值整体较高，其次是永州市、韶关市、宣城市、赣州市、芜湖市、长沙市、衡阳市、邵阳市、池州市、抚州市等地。

6. Ⅵ香型

Ⅵ香型烟叶以干草香、清甜香、蜜甜香为主体香韵，其特征为“清甜香突出，蜜甜香明显，花香微显，香韵种类丰富”，因此以干草香、蜜甜香为指标对2014年、2015年具有上述香型风格特征的烟叶产地进行排序，由图3-30和图3-31可知，按照区、县进行产地排序，2014年明溪县烟叶清甜香、蜜甜香韵标度值最高，香型风格特征最突出，其次是宁化县、泰宁县、龙岩市永定区等地；2015年宁化县烟叶清甜香、蜜甜香韵标度值最高，其次是尤溪县、将乐县、龙岩市永定区等地。按照市级进行排序，三明市各产地烟叶连续两年清甜香、蜜甜香韵标度值整体较高，其次是龙岩市、南平市等。

7. Ⅶ香型

Ⅶ香型烟叶以干草香、焦香、蜜甜香、木香为主体香韵，其特征为“焦香突出，蜜甜香明显，木香较明显，香韵较丰富”，因此主要以焦香、木香为指

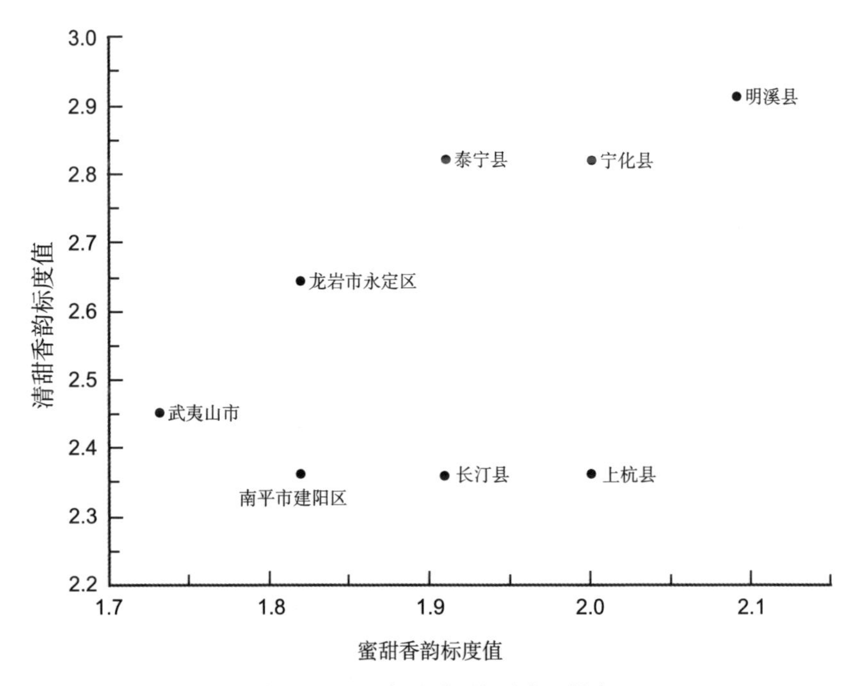

图3-30　2014年Ⅵ香型烟叶产地排序

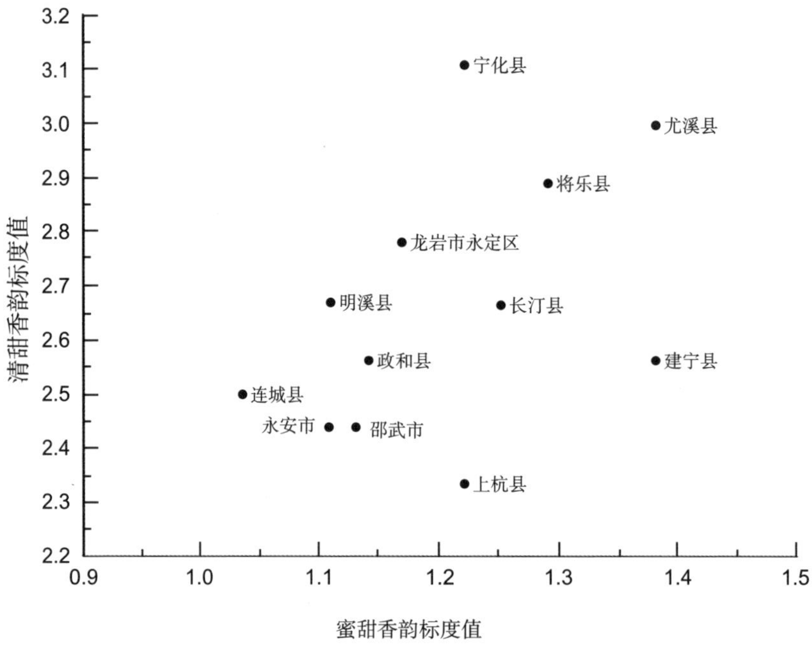

图3-31　2015年Ⅵ香型烟叶产地排序

标对2014年、2015年具有上述香型风格特征的烟叶产地进行排序，由图3-32和图3-33可知，按照市、县进行产地排序，2014年潍坊市（诸城市）烟叶香型风格特征最突出，其次是蒙阴县、沂水县等地；2015年沂水县、费县烟叶香型风格特征最突出，其次是诸城市、蒙阴县等地。按照市级进行排序，潍坊市各产地烟叶连续两年香型风格整体较突出，其次是临沂市、日照市等。

8. Ⅷ香型

Ⅷ香型烟叶以干草香、木香为主体香韵，其特征为“木香突出，蜜甜香明显”，因此以木香、蜜甜香为指标对2014年、2015年具有上述香型风格特征的烟叶产地进行排序，由图3-34和图3-35可知，2014年绥化市北林区烟叶香型风格特征最突出，其次是宁安市、宾县等地；2015年牡丹江市、宁安市、丹东市、宽甸满族自治县等产地烟叶香型风格特征最突出。按照市、自治州进行排序，牡丹江市各产地烟叶香型风格整体较突出，其次是绥化市、丹东市、哈尔滨市、赤峰市等。

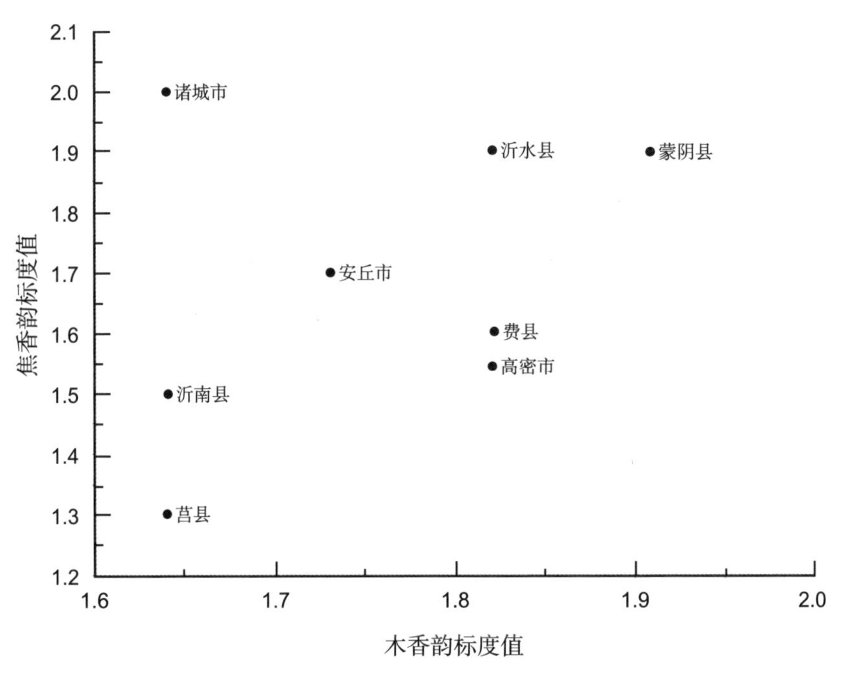

图3-32　2014年Ⅶ香型烟叶产地排序

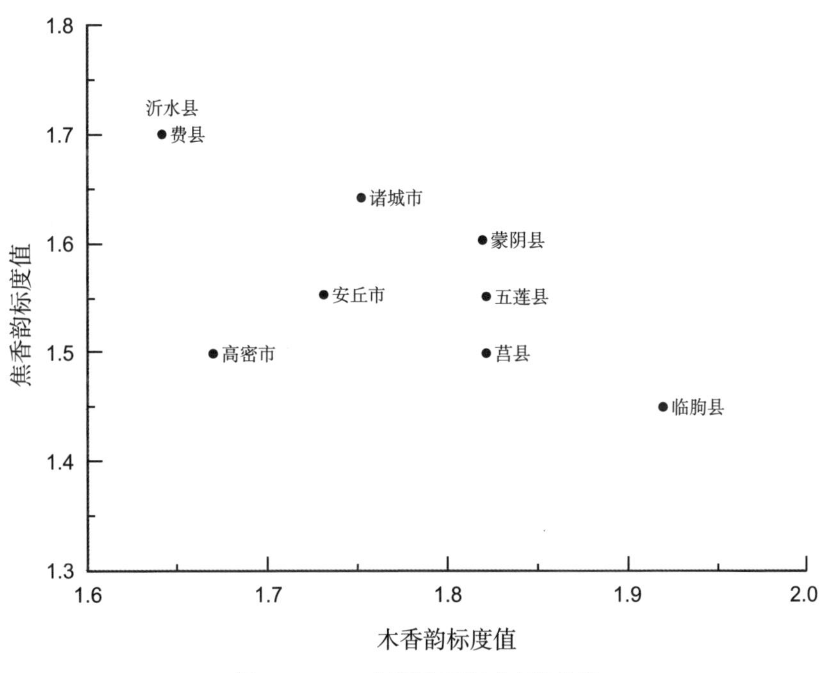

图3-33　2015年Ⅶ香型烟叶产地排序

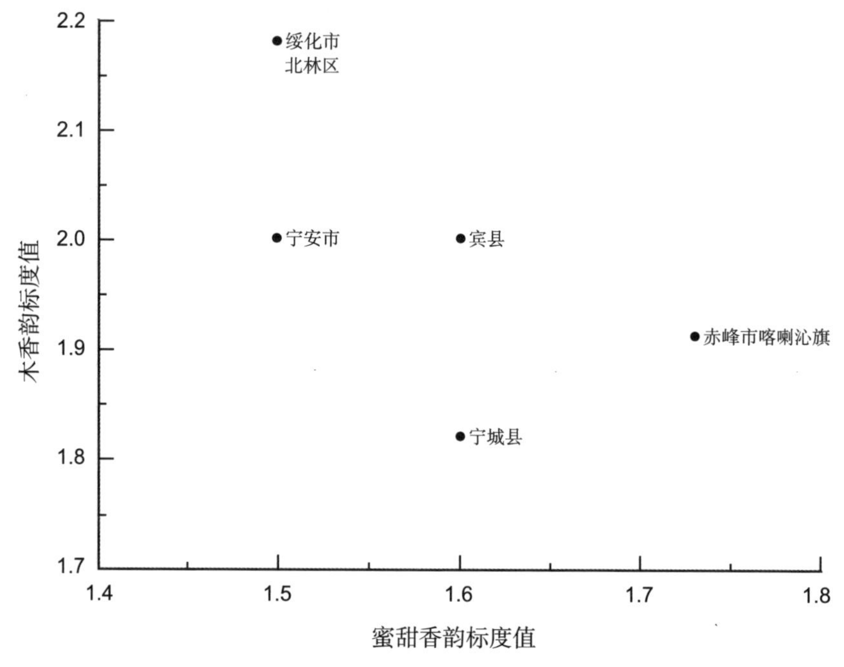

图3-34　2014年Ⅷ香型烟叶产地排序

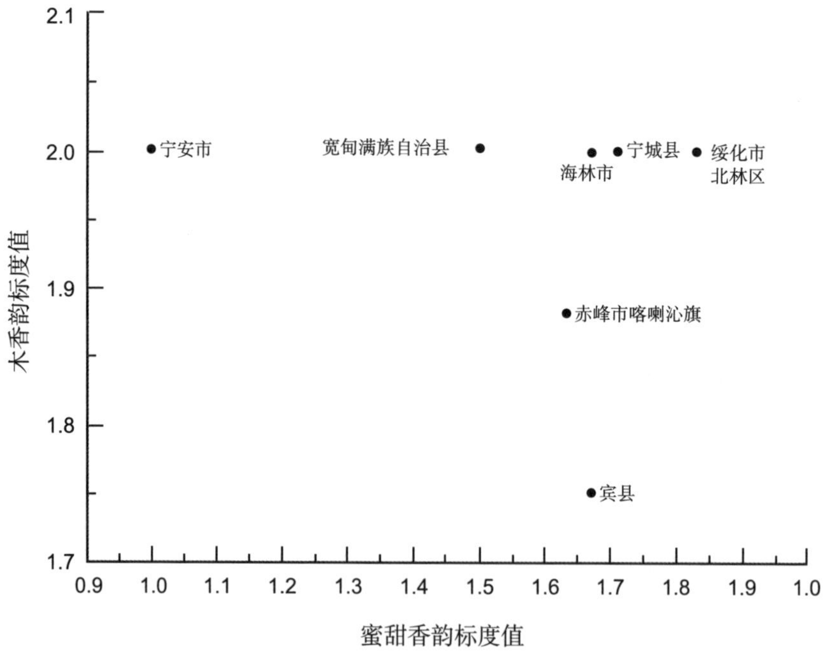

图3-35　2015年Ⅷ香型烟叶产地排序

9. 典型产地定位

根据2014年、2015年同一香型风格烟叶产地排序结果可知，按照市、自治州烟叶产地排序，同一香型不同年份间的风格最突出产地相对保持稳定。按照区、县产地排序，部分香型烟叶不同年份间的风格最突出产地相同，如Ⅰ香型连续两年均为玉溪市江川区烟叶风格最突出，Ⅳ香型均为襄城县，Ⅴ香型均为桂阳县，也有部分香型烟叶不同年份间的风格最突出产地存在波动，如Ⅲ香型2014年为恩施土家族苗族自治州巴东县、湘西土家族苗族自治州永顺县、十堰市郧西县等，2015年为重庆市武隆区，Ⅵ香型2014年为明溪县，2015年为宁化县。

根据中式卷烟品牌发展原料需求，以及烟叶原料基地布局、风格形成机理等相关要求，典型产地一方面应具备烟叶香型风格突出，且不同年份间保持相对稳定等基本前提条件，另一方面也应具备生态资源优良、栽培管理技术规范、生产规模化等条件。因此，综合考虑上述两方面因素，依据各产地烟叶不同年份香型风格评价结果，确定各香型风格烟叶典型产地如下。

（1）市、自治州级　玉溪市、遵义市、重庆市、许昌市、郴州市、三明市、潍坊市、牡丹江市与所属同一香型风格烟叶产地相比较，生态资源优良，生产规模较大，产业化基础条件较好，多为烟叶种植的适宜区和生产优势区，其下属各产地烟叶香型风格整体突出，且不同年份间相对保持稳定，因此，可分别作为各香型风格烟叶地市级典型产地。

（2）区、县级　玉溪市江川区、襄城县、桂阳县在所属的Ⅰ、Ⅳ、Ⅴ香型烟叶产地中，香型风格最为突出，且不同年份香型风格相对稳定，在地理位置上分别处于玉溪市、许昌市、郴州市等典型产地区域范围内，因此，可定为Ⅰ、Ⅳ、Ⅴ香型烟叶区、县级典型产地。

2014年、2015年的Ⅱ、Ⅲ、Ⅵ、Ⅶ、Ⅷ香型区、县级香型风格最突出产地不同，不同年份间存在波动，因此上述香型典型产地的选择需综合考虑各产地烟叶香型风格突显程度、稳定性以及生产的规模化、生态资源等因素，根据2014年、2015年同香型烟叶产地排序研究结果，Ⅱ香型的遵义市烟叶分别排在第2位和第4位，Ⅲ香型的巫山县烟叶分别排在第4位和第2位，Ⅵ香型的宁化县烟叶分别排在第2位和第1位，Ⅶ香型的诸城市烟叶分别排在第1位和第2位，

Ⅷ香型的宁安市烟叶分别排在第2位和第1位，相比较同香型其他产地烟叶，上述各县烟叶香型风格突出且稳定，除此之外，上述产地分别处于遵义市、重庆市（巫山县）、三明市（宁化县）、潍坊市（诸城市）、牡丹江市（宁安市）等地市级典型产地区域范围内，因此，将遵义市、巫山县、宁化县、诸城市、宁安市定为Ⅱ、Ⅲ、Ⅵ、Ⅶ、Ⅷ香型烟叶县级典型产地。

三、八大香型区域定位描述

1. 八大香型区域定位描述规则

区域定位描述按照“典型产地为______县（_____市/自治州），涵盖_____市、____市、……”的表述方式描述香型风格区域定位结果，香型区域涵盖范围中的产地排序主要按照烟叶香型风格突显程度，从强到弱依次排列。例如，对于Ⅳ香型，区域定位描述为：典型产地为襄城县（许昌市），涵盖许昌市、平顶山市、漯河市、驻马店市、南阳市、商洛市（洛南县）、洛阳市、三门峡市、宝鸡市、咸阳市、延安市、庆阳市、临汾市、长治市、运城市。

2. 八大香型区域定位描述

西南高原生态区——清甜香型（Ⅰ区）：典型产地为玉溪市江川区，涵盖云南省全部，四川省大部分产地，贵州省、广西壮族自治区部分产地，具体包括玉溪市、昆明市、大理白族自治州、曲靖市、凉山彝族自治州、楚雄彝族自治州、红河哈尼族彝族自治州、攀枝花市、普洱市、文山壮族苗族自治州、临沧市、保山市、昭通市、毕节市西部、黔西南布依族苗族自治州西部、六盘水市西部、德宏傣族景颇族自治州、丽江市、百色市西部。

黔桂山地生态区——蜜甜香型（Ⅱ区）：典型产地为遵义市播州区，涵盖贵州省、广西壮族自治区大部分产地，四川省部分产地，具体包括遵义市、贵阳市、毕节市中部和东部、黔南布依族苗族自治州、黔西南布依族苗族自治州中部和东部、安顺市、黔东南苗族侗族自治州、铜仁市、泸州市、宜宾市、六盘水市中部和东部、百色市中部和东部、河池市。

武陵秦巴生态区——醇甜香型（Ⅲ区）：典型产地为重庆市巫山县，涵盖重庆市、湖北省全部，陕西省大部分产地，湖南省、甘肃省、四川省部分产地，具体包括重庆市、恩施土家族苗族自治州、十堰市、宜昌市、湘西土家族

苗族自治州、张家界市、怀化市、常德市、安康市、汉中市、商洛市（镇安县）、襄阳市、广元市、陇南市。

黄淮平原生态区——焦甜焦香型（Ⅳ区）：典型产地为许昌市襄城县，涵盖河南省、山西省全部及陕西省、甘肃省部分产地，具体包括许昌市、平顶山市、漯河市、驻马店市、南阳市、商洛市（洛南县）、洛阳市、三门峡市、宝鸡市、咸阳市、延安市、庆阳市、临汾市、长治市、运城市。

南岭丘陵生态区——焦甜醇甜香型（Ⅴ区）：典型产地为郴州市桂阳县，涵盖江西省、安徽省全部，广东省、湖南省大部分产地，广西壮族自治区部分产地，具体包括郴州市、永州市、韶关市、宣城市、赣州市、芜湖市、长沙市、衡阳市、邵阳市、池州市、抚州市、益阳市、娄底市、贺州市、株洲市、黄山市、宜春市、吉安市、清远市。

武夷丘陵生态区——清甜蜜甜香型（Ⅵ区）：典型产地为三明市宁化县，涵盖福建省全部及广东省部分产地，具体包括三明市、龙岩市、南平市、梅州市。

沂蒙丘陵生态区——蜜甜焦香型（Ⅶ区）：典型产地为诸城市（潍坊市），涵盖山东省全部产地，具体包括潍坊市、临沂市、日照市、淄博市、青岛市、莱芜市。

东北平原生态区——木香蜜甜香型（Ⅷ区）：典型产地为宁安市（牡丹江市），涵盖黑龙江省、辽宁省、吉林省、内蒙古自治区、河北省全部产地，具体包括牡丹江市、丹东市、哈尔滨市、绥化市、赤峰市、延边朝鲜族自治州、朝阳市、铁岭市、大庆市、白城市、双鸭山市、鸡西市、七台河市、长春市、通化市、抚顺市、本溪市、鞍山市、阜新市、锦州市、张家口市、保定市、石家庄市。

3. 八大香型分区图

根据全国烤烟香型划分、区域定位等研究结果，构建全国烤烟香型分区图见图3-36。

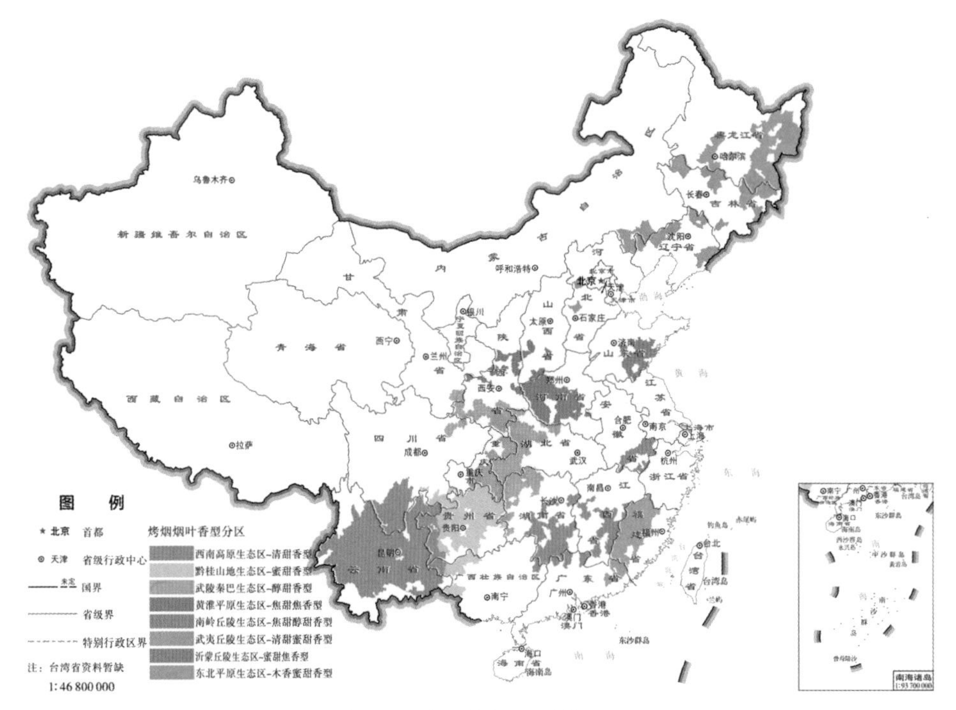

图3-36　全国烤烟香型分区图

第四章
八大香型烤烟烟叶感官特征及地理分布

第一节　八大香型烤烟烟叶风格特征

根据全国各产区烟叶香型风格评价结果，以及香型风格特征描述规则，对八大香型风格特征描述如下。

西南高原生态区——清甜香型（Ⅰ区）：以干草香、清甜香、青香为主体，辅以蜜甜香、醇甜香、烘焙香、木香、酸香、焦香、辛香等，其特征为清甜香突出，青香明显，微有青杂气、生青气、木质气和枯焦气，烟气浓度、劲头中等。

黔桂山地生态区——蜜甜香型（Ⅱ区）：以干草香、蜜甜香为主体，辅以醇甜香、木香、清甜香、酸香、焦香、烘焙香、辛香等，其特征为蜜甜香突出，微有青杂气、生青气和木质气，烟气浓度、劲头中等。

武陵秦巴生态区——醇甜香型（Ⅲ区）：以干草香、醇甜香为主体，辅以蜜甜香、木香、青香、焦香、辛香、酸香、烘焙香、焦甜香等，其特征为醇甜香突出，微有青杂气、生青气和木质气，烟气浓度、劲头中等。

黄淮平原生态区——焦甜焦香型（Ⅳ区）：以干草香、焦甜香、焦香、烘焙香为主体，辅以木香、醇甜香、坚果香、酸香、树脂香、辛香等，其特征为焦甜香突出，焦香较明显，树脂香微显，微有枯焦气、木质气和青杂气，烟气浓度、劲头中等。

南岭丘陵生态区——焦甜醇甜香型（Ⅴ区）：以干草香、焦甜香、焦香、烘焙香为主体，辅以醇甜香、木香、坚果香、酸香、辛香等，其特征为焦甜香突出，醇甜香较明显，甜香较丰富，微有枯焦气、木质气和青杂气，烟气浓度中等至稍大，劲头中等。

武夷丘陵生态区——清甜蜜甜香型（Ⅵ区）：以干草香、清甜香、蜜甜香为主体，辅以青香、醇甜香、木香、烘焙香、焦香、花香、辛香等，其特征为清甜香突出，蜜甜香明显，花香微显，香韵种类丰富，微有青杂气、生青气、枯焦气和木质气，烟气浓度和劲头都为中等。

沂蒙丘陵生态区——蜜甜焦香型（Ⅶ区）：以干草香、焦香、蜜甜香、木香为主体，辅以焦甜香、醇甜香、烘焙香、辛香、酸香等香韵，其特征为焦香突出，蜜甜香明显，木香较明显，香韵较丰富，微有枯焦气、木质气、青杂气和生青气，烟气浓度都为劲头中等。

东北平原生态区——木香蜜甜香型（Ⅷ区）：以干草香、木香、蜜甜香为主体，辅以青香、醇甜香、酸香、焦香、烘焙香、辛香等，其特征为木香突出，蜜甜香明显，微有木质气、枯焦气、青杂气和生青气，烟气浓度和劲头较小。

第二节　中国烤烟烟叶特征香韵地理分布及变化

为了提高烟叶资源精细化利用水平，在全国烟叶香型划分的基础上，进一步研究了烤烟烟叶清甜香、焦甜香、焦香、蜜甜香、醇甜香、花香、树脂香、木香等特征香韵地理分布与变化规律。

一、清甜香韵地理分布及变化

全国具有清甜香韵的烤烟烟叶主要分布于云南省、福建省、贵州省、四川省（攀枝花市、凉山彝族自治州、泸州市和宜宾市）等地（图4–1），云南省中部（玉溪市、昆明市、曲靖市等）、福建省中部（三明市）产地烟叶清甜香韵较突出，由云南省中部向云南省西部或南部、贵州省、四川省方向，由福建省中部向福建省北部或南部方向，清甜香韵强度呈逐渐减弱趋势。

二、蜜甜香韵地理分布及变化

全国具有蜜甜香韵的烤烟烟叶在各烟叶产区均有分布（图4–2），贵州省烟叶蜜甜香韵较突出，由贵州省向云南省、重庆市、湖南省方向，蜜甜香韵强度呈逐渐减弱趋势，对于山东省产区，由临沂市向潍坊市方向，蜜甜香韵强度呈逐渐减弱趋势，福建省、黑龙江省、辽宁省等产区烤烟烟叶蜜甜香韵强度在地域上无明显变化规律。

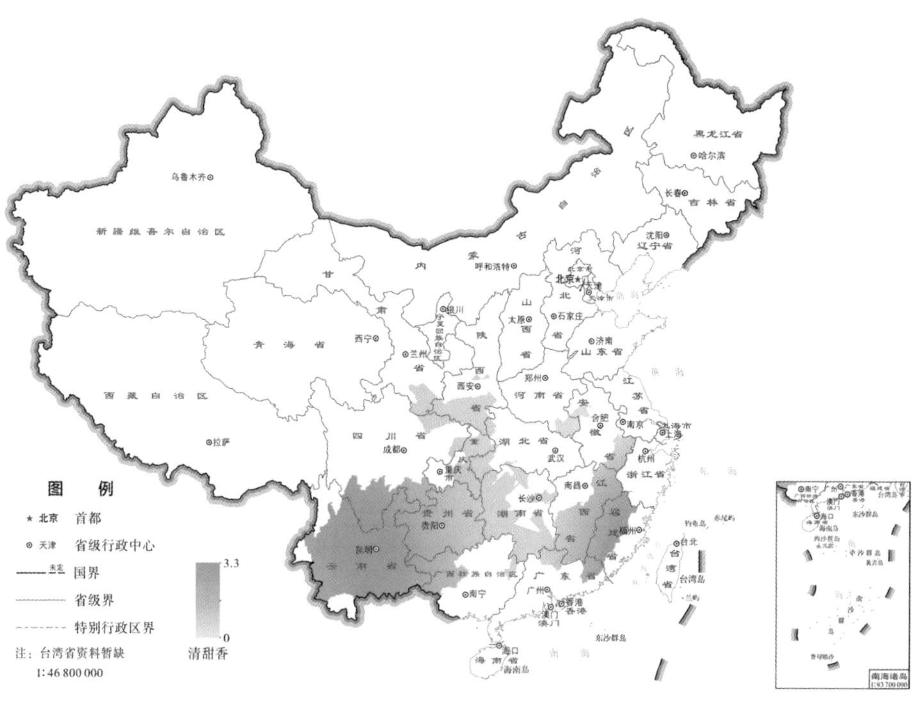

图4-1　清甜香韵地理分布及变化

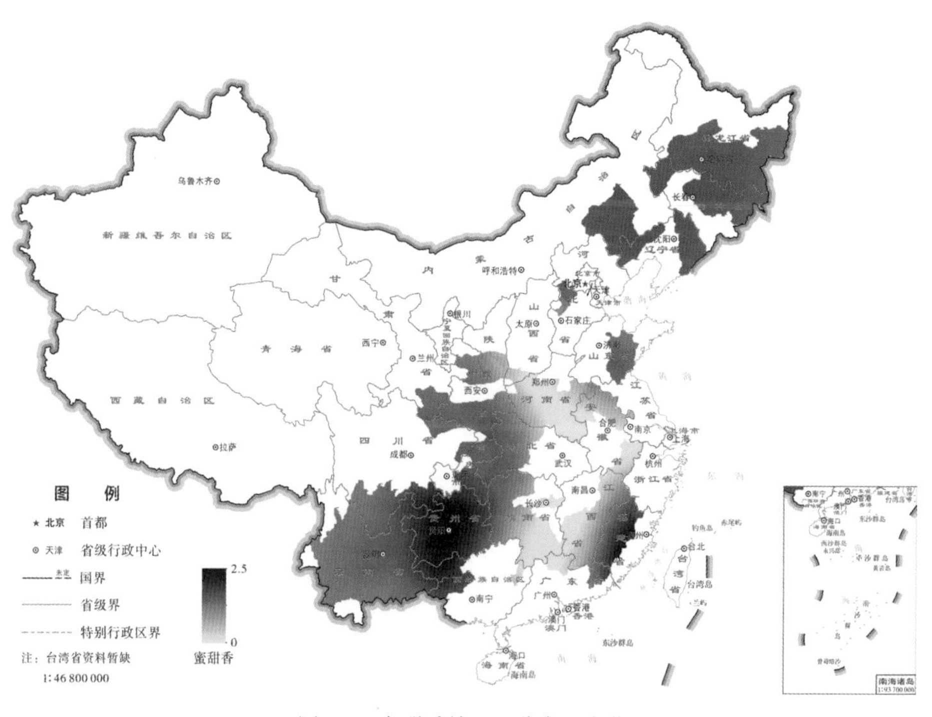

图4-2　蜜甜香韵地理分布及变化

三、醇甜香韵地理分布及变化

全国具有醇甜香韵的烤烟烟叶在各烟叶产区均有分布（图4–3），以重庆市、湖北省西部（恩施土家族苗族自治州、十堰市等）烟叶醇甜香韵较突出，由该区域向陕西省、甘肃省、河南省、贵州省、湖南省等方向，醇甜香韵强度呈逐渐减弱的趋势。

四、焦甜香韵地理分布及变化

全国具有焦甜香韵的烤烟烟叶主要分布于湖南省、河南省、江西省、安徽省、广东省、广西壮族自治区、山东省、陕西省、甘肃省、内蒙古自治区、黑龙江省、云南省西部和南部（临沧市、普洱市、保山市等）等地（图4–4），以河南省中部（许昌市、平顶山市、漯河市、驻马店市等）、湖南省南部（郴州市、永州市等）产地烟叶焦甜香韵最为突出，由河南省中部向陕西省、湖北省方向，由湖南省南部向重庆市、江西省、广东省方向，焦甜香韵强度呈逐渐减弱的趋势。

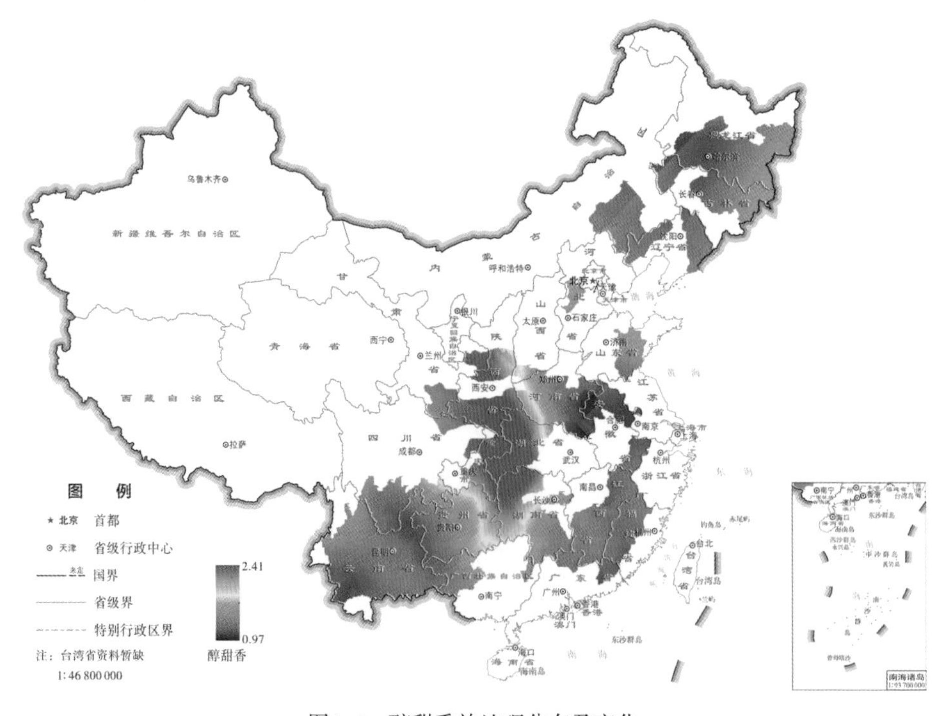

图4–3　醇甜香韵地理分布及变化

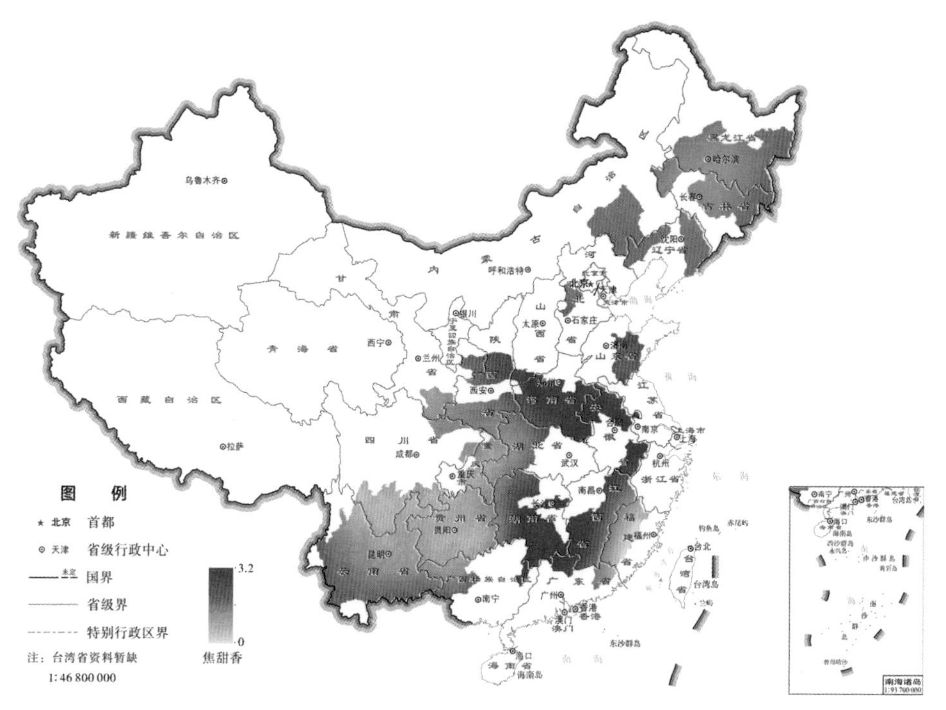

图4–4　焦甜香韵地理分布及变化

五、焦香韵地理分布及变化

全国具有焦香韵的烤烟烟叶在各烟叶产区均有分布（图4–5），以河南省、湖南省、安徽省、山东省等产地烟叶焦香韵较突出，由河南省向陕西省、湖北省方向，由湖南省向重庆市、贵州省方向，焦香韵强度呈逐渐减弱的趋势。

六、木香韵地理分布及变化

全国具有木香韵的烤烟烟叶在各烟叶产区均有分布（图4–6），以黑龙江省、吉林省、辽宁省、内蒙古自治区、山东省等产地烟叶木香韵较突出，木香韵强度在地域上无明显变化规律。

七、青香韵地理分布及变化

全国具有青香韵的烤烟烟叶主要分布于云南省、四川省、贵州省、重庆市、陕西省、甘肃省、福建省、山东省、黑龙江省、内蒙古自治区、辽宁省、吉林省等地（图4–7），以云南省中部（玉溪市、昆明市、曲靖市等）产地烟

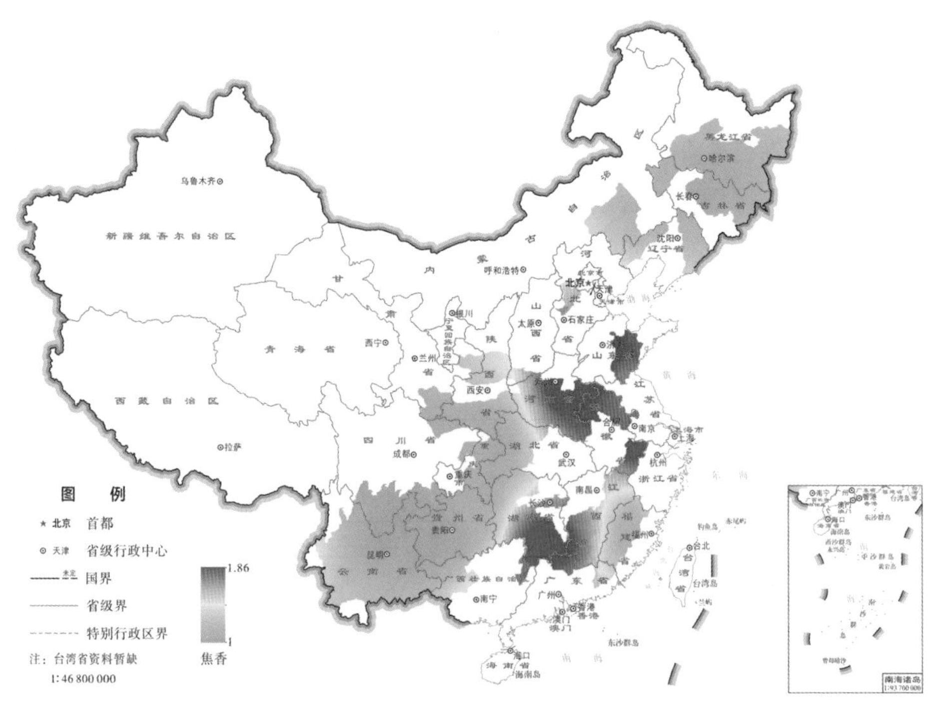

图4-5 焦香香韵地理分布及变化

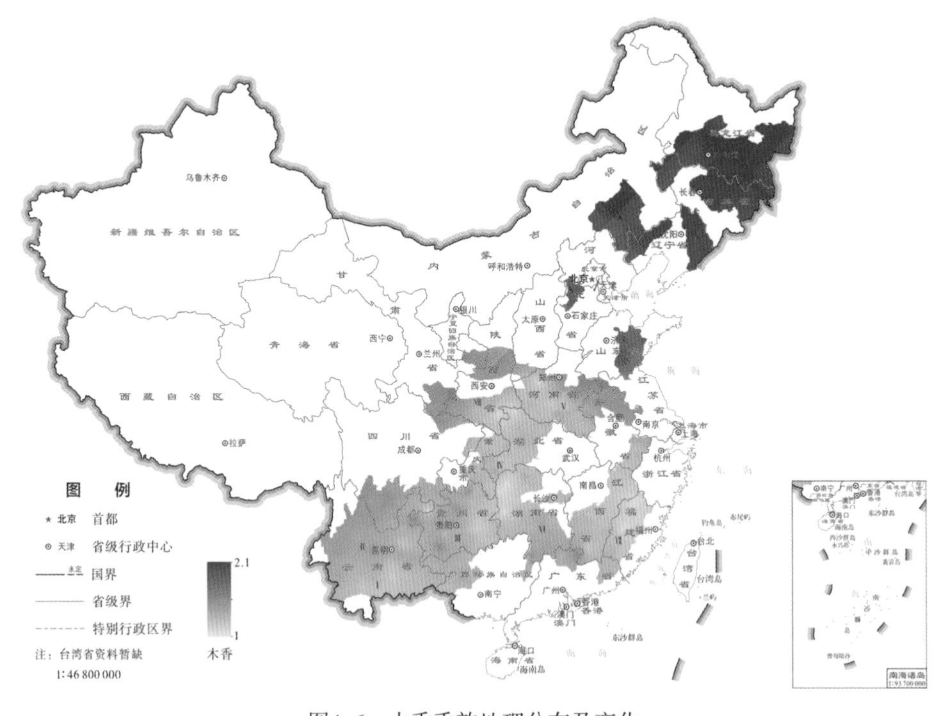

图4-6 木香香韵地理分布及变化

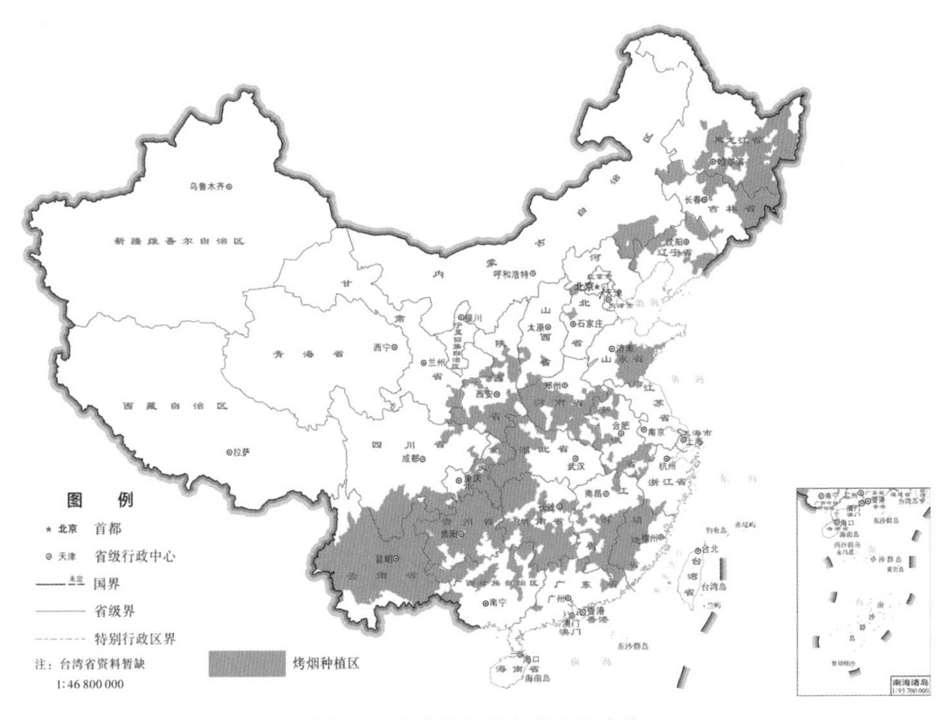

图4-7　青香香韵地理分布及变化

叶青香韵最为突出，由云南省中部产地向云南省西部或南部、贵州省、四川省方向，青香韵强度呈逐渐减弱的趋势。

八、烘焙香韵地理分布及变化

全国具有烘焙香韵的烤烟烟叶在各烟叶产区均有分布，以河南省、湖南省、安徽省、山东省等产地烟叶较突出，由河南省向陕西省、湖北省方向，由湖南省向重庆市、贵州省方向，烘焙香韵强度呈逐渐减弱的趋势。

九、树脂香韵地理分布及变化

全国仅河南省、江西省信丰县烟叶微显树脂香，主要分布于河南省产区，树脂香韵强度在地域上无明显变化规律。

十、花香韵地理分布及变化

全国仅福建省、云南省（祥云县）等产地烟叶微显花香韵，主要分布于福建省产区，花香韵强度在地域上无明显变化规律。

十一、特征香韵地理分布及变化

清甜香、焦甜香、蜜甜香、醇甜香、焦香、青香、花香、木香、树脂香等不同香型风格烤烟烟叶特征香韵地理分布存在差异。清甜香韵主要分布于云南省、福建省、贵州省、四川省（攀枝花市、凉山彝族自治州、泸州市和宜宾市）等地；焦甜香韵主要分布于湖南省、河南省、江西省、安徽省、广东省、广西壮族自治区、山东省、陕西省、甘肃省、内蒙古自治区、黑龙江省、云南省西部和南部（保山市、临沧市、普洱市等）等地；青香韵主要分布于云南省、四川省、贵州省、重庆市、陕西省、甘肃省、福建省、山东省、黑龙江省、内蒙古自治区、辽宁省、吉林省等地；花香韵主要分布于福建省；树脂香韵主要分布于河南省；蜜甜香、醇甜香、木香、焦香韵在全国各产地均有分布。

清甜香、蜜甜香、醇甜香、焦甜香、焦香、青香等不同香型风格烤烟烟叶特征香韵地理变化呈现出一定的规律，由云南省中部（玉溪市、昆明市、曲靖市等地）向贵州省方向，清甜香、青香韵逐渐减弱，蜜甜香韵逐渐增强；由贵州省向湖南省方向，蜜甜香韵逐渐减弱，焦甜香、焦香韵逐渐增强；由贵州省向重庆市、湖北省西部（恩施土家族苗族自治州等）和湖南省西部（湘西土家族苗族自治州、张家界市等）方向，蜜甜香韵逐渐减弱，醇甜香韵逐渐增强；由重庆市向河南省、湖南省方向，醇甜香韵逐渐减弱，焦甜香、焦香韵逐渐增强。

第三节　区域内烟叶香型风格特征差异

对于同一香气风格区的各产地烟叶，其局部区域生态环境以及香型风格存在差异，为了挖掘区域“小生态”条件下的烟叶香型风格特色，对同一香型风格内的各产地烟叶香韵、杂气、浓度、劲头等特征进行研究。

一、Ⅰ香型区

玉溪市、昆明市、曲靖市、大理白族自治州等产地烟叶清甜香韵突出，青香韵明显，香型风格较突出（图4-8）。以该区域为中心，与该区域相邻的哀

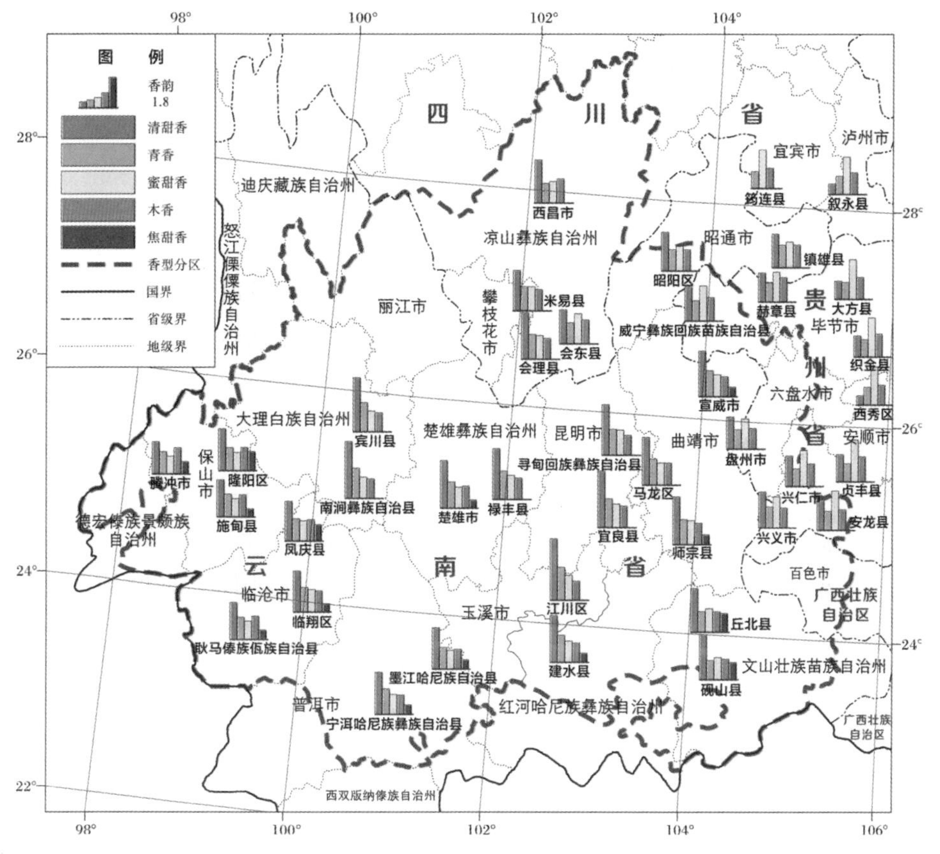

图4-8　Ⅰ区烟叶香型风格特征差异

牢山以西、以南产地（临沧市、普洱市、文山壮族苗族自治州、保山市等）烟叶的清甜香、青香、蜜甜香韵强度减弱，木香韵增强，微显焦甜香韵和枯焦气；该区域东部的黔西南布依族苗族自治州（兴义市、兴仁市等）等产地烟叶的清甜香、青香韵强度减弱，蜜甜香韵增强；西北部的昭通市、毕节市（威宁彝族回族苗族自治县、赫章县等）、六盘水市（盘州市等）等产地烟叶的清甜香、青香等香韵强度减弱，蜜甜香韵略有增强，微显枯焦气；东北部的凉山彝族自治州、攀枝花市烟叶的清甜香、青香等香韵强度略有减弱。

二、Ⅱ香型区

遵义市、贵阳市、毕节市、黔南布依族苗族自治州、安顺市等产地烟叶蜜甜香韵明显（图4-9），香型风格较突出，该区黔西南布依族苗族自治州（安

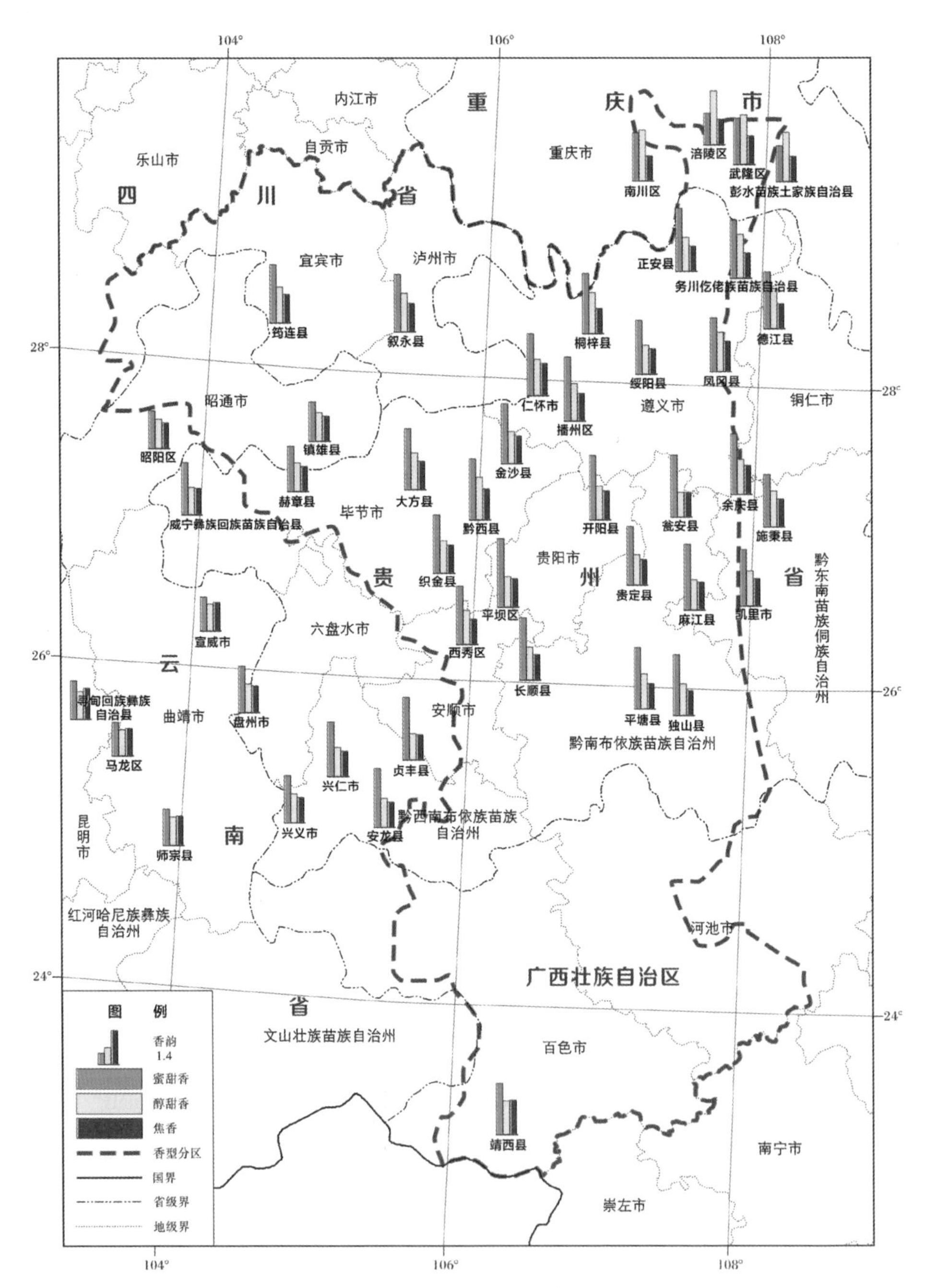

图4-9 Ⅱ区烟叶香型风格特征差异

龙县、贞丰县等）等产地烟叶蜜甜香、醇甜香韵强度减弱，清甜香韵略有增强；东部的黔东南苗族侗族自治州、铜仁市等产地烟叶蜜甜香韵略有减弱，醇甜香略有增强，枯焦气、木质气等略有增强；西北部的泸州市、宜宾市等产地烟叶蜜甜香韵略有减弱，醇甜香、焦香等略有增强，枯焦气稍显露；南部的百色市等产地烟叶蜜甜香略有减弱，焦香略有增强，枯焦气稍明显。

三、Ⅲ香型区

重庆市巫山县、恩施土家族苗族自治州、十堰市等产地烟叶醇甜香明显（图4–10），香型风格较突出，西南方向的重庆市涪陵区、彭水苗族土家族自治县、重庆市黔江区、丰都县等产地烟叶醇甜香韵强度略有减弱；东南方向的张家界市、湘西土家族苗族自治州、常德市、怀化市等产地烟叶醇甜香韵强度略有减弱，焦甜香、蜜甜香增强，微显枯焦气；西北方向的安康市、汉中市、广元市等产地烟叶醇甜香韵强度减弱，木香略有增强，微显焦甜香，枯焦气、木质气、青杂气稍明显。

四、Ⅳ香型区

许昌市、平顶山市、漯河市等产地烟叶香型风格较突出（图4–11），南部的驻马店市、南阳市等产地烟叶焦甜香韵强度减弱，醇甜香韵略有增强，生青气、枯焦气稍明显；西部的洛阳市、三门峡市、商洛市、宝鸡市、延安市、陇南市等产地烟叶焦甜香、焦香、烘焙香香韵强度减弱，醇甜香、木香略有增强，枯焦气、木质气和青杂气稍明显。

五、Ⅴ香型区

郴州市、永州市等产地烟叶焦甜香、焦香、烘焙香等突出（图4–12），甜香韵丰富，醇甜香明显，香型风格较突出，其东南方向的韶关市烟叶焦甜香、烘焙香、焦香、醇甜香韵强度略有减弱；东部的赣州市、抚州市等产地烟叶焦甜香、烘焙香韵强度明显减弱，生青气、枯焦气等略有增强；西部的邵阳市烟叶焦甜香、烘焙香韵强度略有减弱；北部的长沙市、衡阳市烟叶焦甜香、烘焙香、焦香韵强度略有减弱；宣城市、芜湖市、池州市等产地烟叶焦甜香、烘焙香香韵强度略有减弱，青杂气、枯焦气等略有增强。

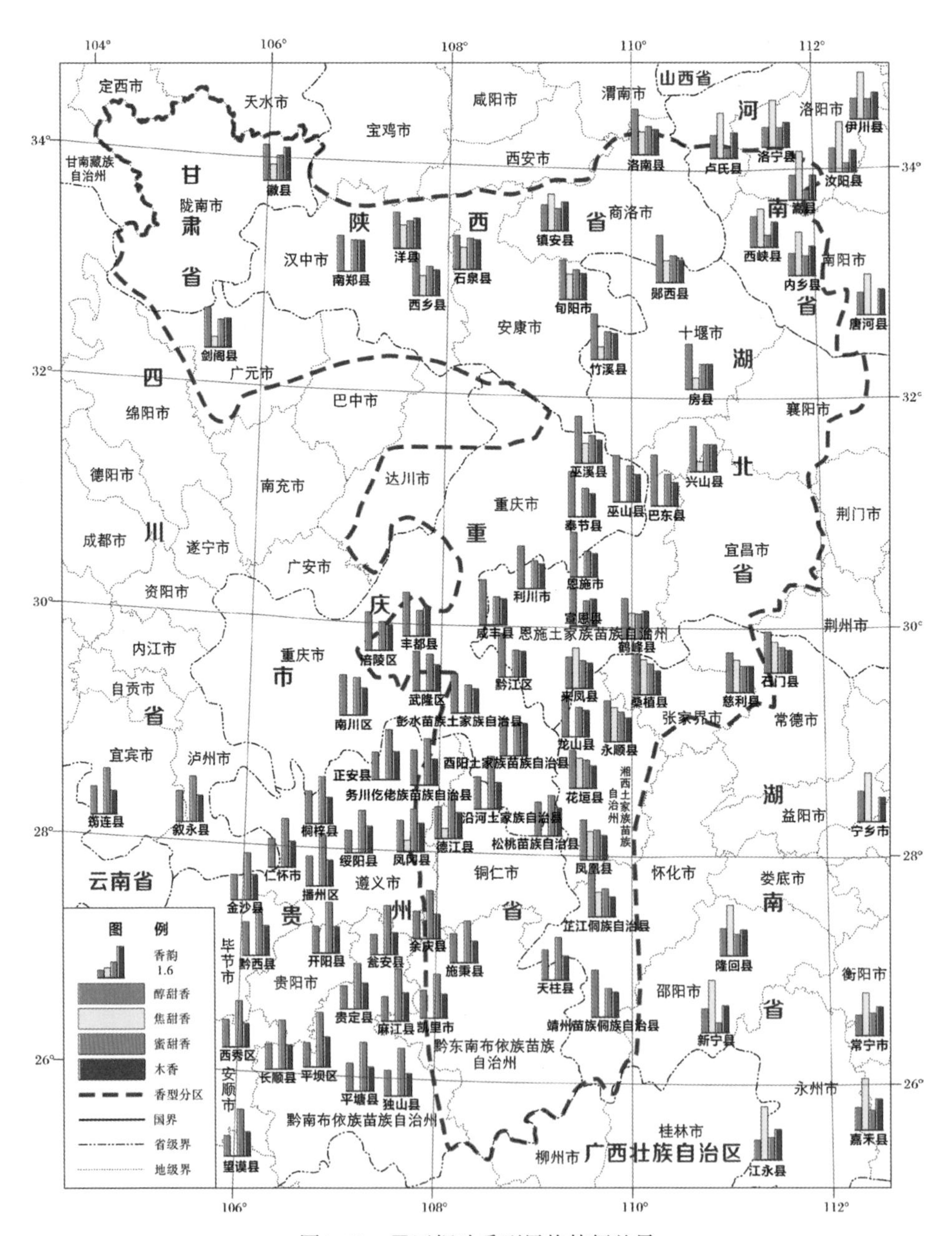

图4-10 Ⅲ区烟叶香型风格特征差异

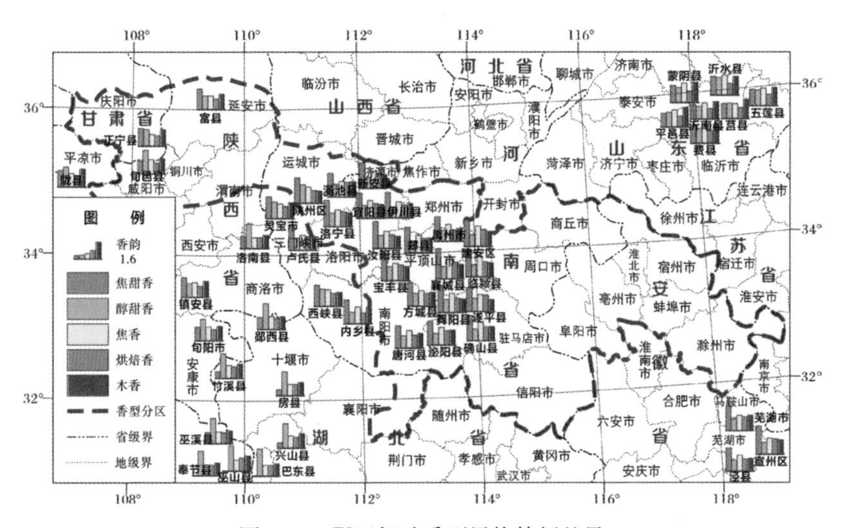

图4-11　Ⅳ区烟叶香型风格特征差异

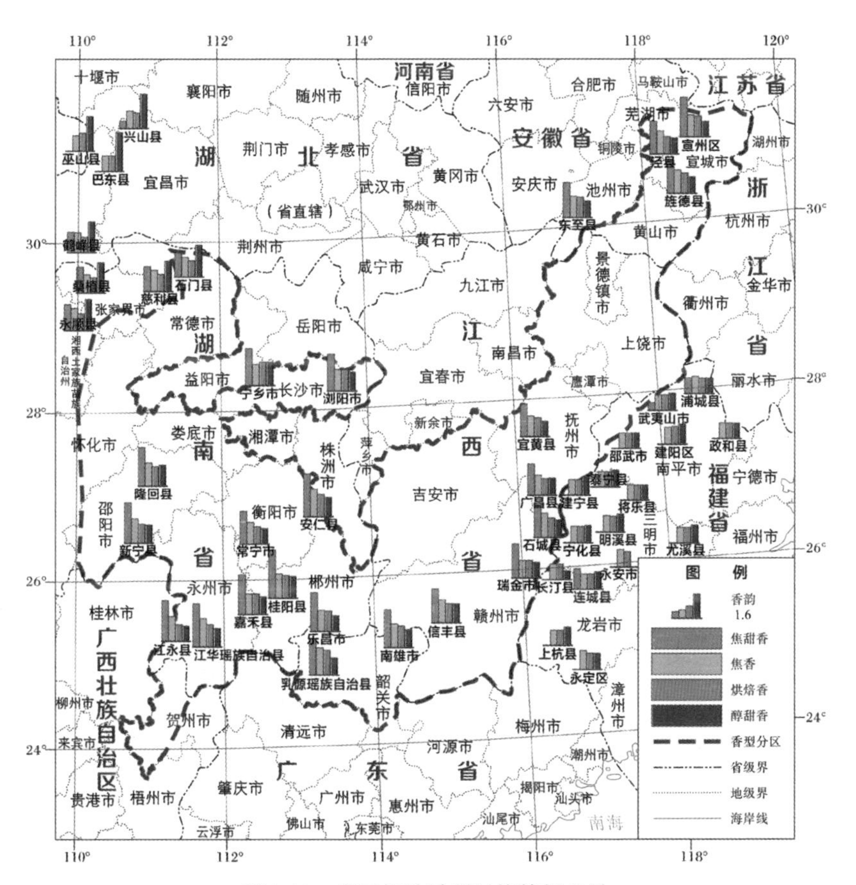

图4-12　Ⅴ区烟叶香型风格特征差异

六、Ⅵ香型区

三明市烟叶清甜香突出（图4–13），蜜甜香明显，微显花香韵，香型风格较突出，其北部的南平市烟叶清甜香、蜜甜香、青香香韵强度略有减弱，生青气、青杂气等杂气略有增强；南部的龙岩市烟叶清甜香、青香韵强度略有减弱，枯焦气稍明显。

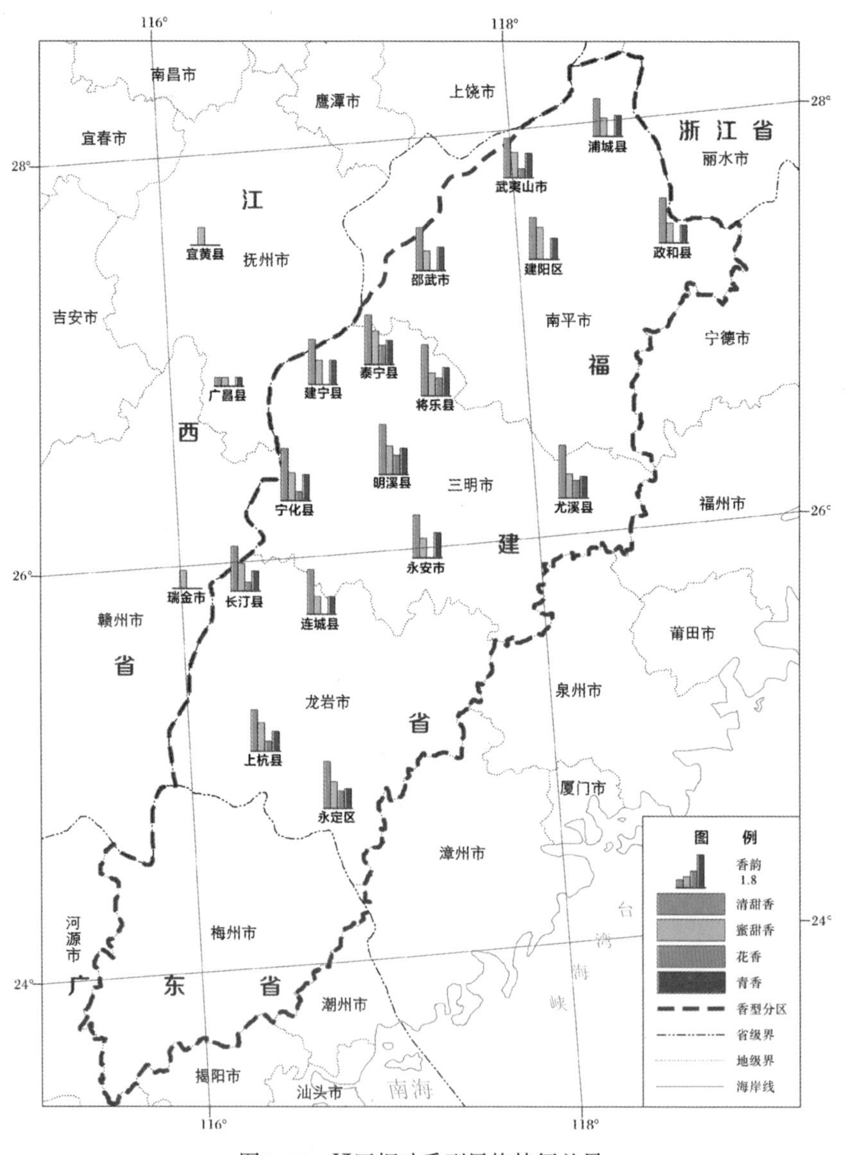

图4–13 Ⅵ区烟叶香型风格特征差异

七、Ⅶ香型区

潍坊市烟叶焦香突出，木香明显，香型风格较突出（图4-14）；相比潍坊市烟叶，临沂市烟叶焦香韵强度略有减弱，蜜甜香略有增强，枯焦气略有减弱；日照市烟叶焦香韵强度略有减弱，枯焦气、木质气略有增强。

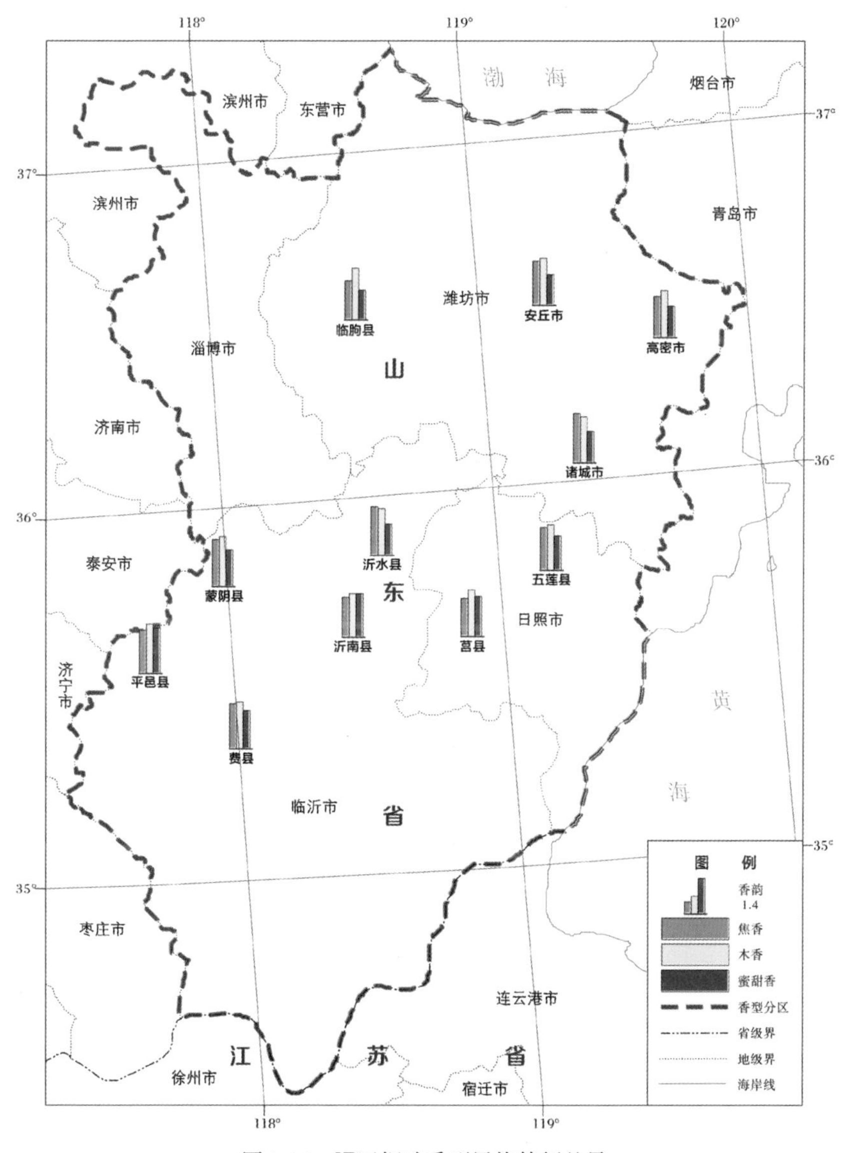

图4-14　Ⅶ区烟叶香型风格特征差异

八、Ⅷ香型区

黑龙江省的牡丹江市、哈尔滨市、绥化市等产地烟叶木香、蜜甜香较明显（图4–15），香型风格较突出，内蒙古自治区赤峰市烟叶木香韵强度略有减弱，蜜甜香略有增强；辽宁省铁岭市、丹东市等产地烟叶木香韵强度略有减弱。

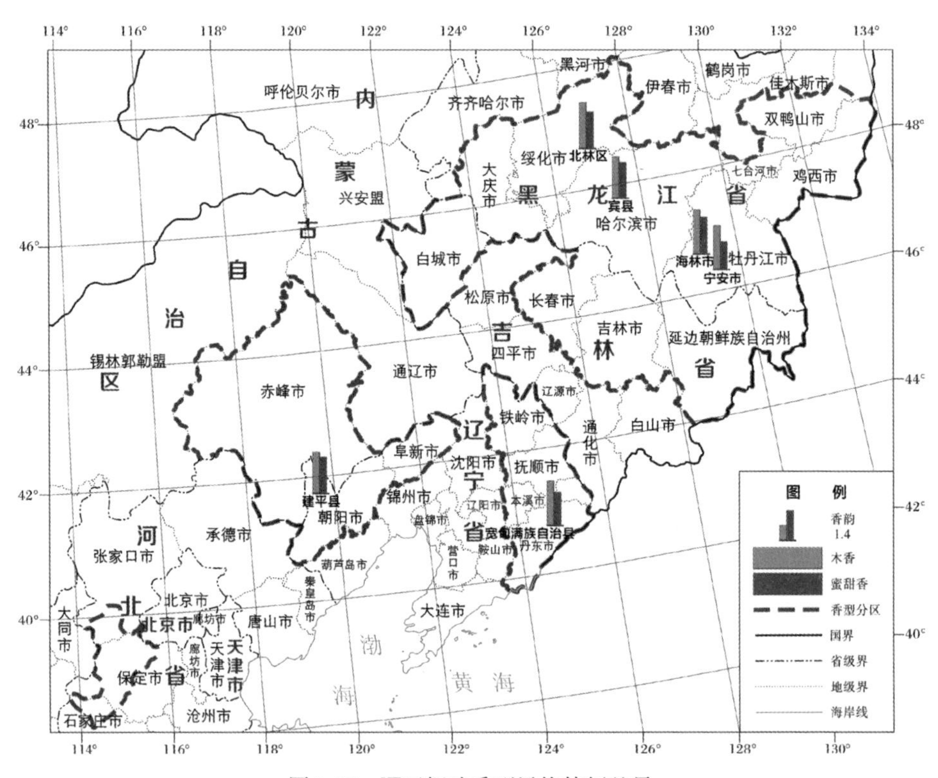

图4–15　Ⅷ区烟叶香型风格特征差异

第五章
八大香型烤烟烟叶的关键生态因子差异与生态特征

第一节　八大香型烤烟烟叶形成的关键生态因子差异

一、不同香型风格烟区气象条件差异

根据烤烟生长期气象因子的分布范围，对各气象因子作如下定义。

平均气温：20～22℃划分为温度适中，小于20℃为温度较低，大于22℃为温度较高。

昼夜温差：小于9℃划分为昼夜温差较低、昼夜温差9～11℃为适中、昼夜温差大于11℃为较高。

大田期日照时数：日照时数小于700h为光照和煦，700～900h为光照适中、大于900h为光照充足。

降雨量：小于600mm划分为降雨量低，600～900mm为降雨量适中，大于900mm为降雨量丰富。

1．大田期温度

如图5-1温度变化所示，Ⅰ区大田期温度适中，平均为20.89℃，整个大田生育期温度变化较小。Ⅱ区大田期温度较高，平均为23.36℃，生育期温度呈现先升高后降低的趋势。Ⅲ区大田期温度较高，平均为23.54℃，生育期温度呈现先升高后降低的趋势。Ⅳ区大田期温度较高，平均为23.40℃，生育期温度呈现先升高后降低的趋势。Ⅴ区大田期温度较高，平均为24.14℃，在烤烟整个大田生长过程中平均温度逐渐升高，由17.55℃上升到成熟中后期28.19℃，然后到成熟后期下降到27.48℃。Ⅵ区大田期温度较低，平均为18.99℃，在烤烟整个大田生长过程中，平均温度逐渐升高，由11.63℃上升到26.86℃。Ⅶ区大田期温度较高，平均为23.32℃，生育期温度呈现先升高后降低的趋势。Ⅷ区在烤烟整个大田生长过程中，平均温度由移栽伸根期的

15.01℃上升到成熟前期的峰值22.60℃，在成熟后期反而下降到15.14℃。

2．大田期地温

如图5-2地温变化所示，Ⅰ区整个大田生育期地温变化差异不大，平均值为24.42℃。Ⅵ区在整个烤烟大田生长过程中，地温由移栽伸根期的13.51℃逐

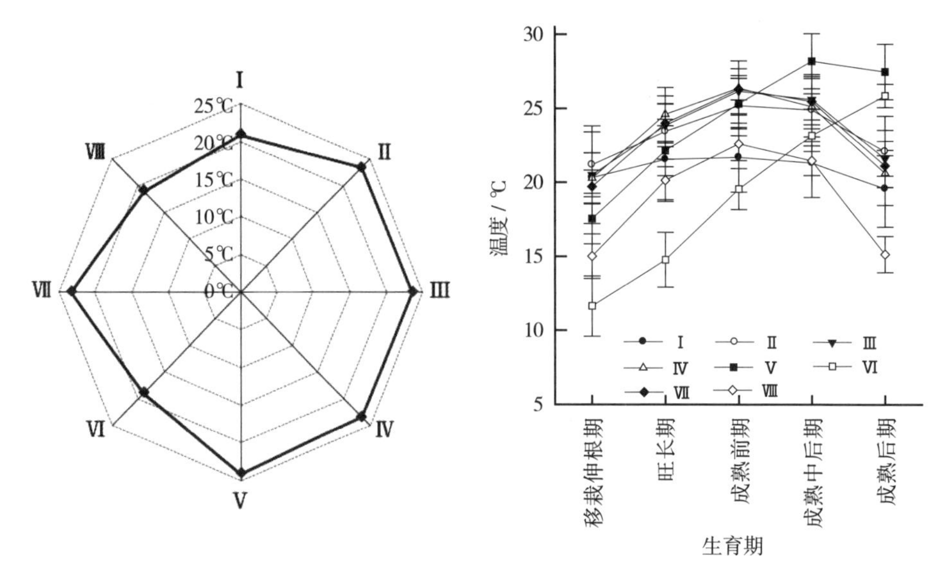

图5-1　烤烟生育期各分区温度变化

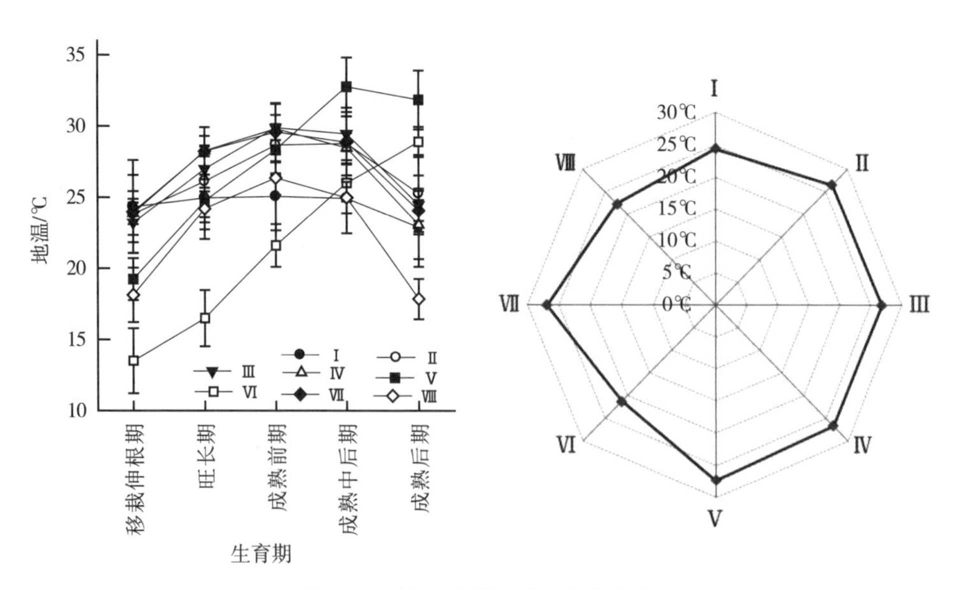

图5-2　烤烟生育期各分区地温变化

渐上升到成熟后期28.88℃。Ⅴ区由移栽伸根期19.24℃上升到成熟中后期的最大值32.74℃，然后到成熟后期下降到31.83℃。Ⅷ区在烤烟整个大田生长过程中，平均温度由移栽伸根期的18.13℃上升到成熟前期的26.35℃，在成熟后期反而下降到17.85℃。Ⅱ区、Ⅲ区、Ⅳ区地温从移栽伸根期23.64℃逐渐上升，在成熟前期达到最大值29.43℃，在成熟后期降低25.42℃。各香型风格生态区地温变化规律与温度变化规律基本一致。

3．大田期温差

如图5-3所示温差变化，在烤烟大田生长季中，Ⅷ区温差最大，平均为11.41℃；其次为Ⅰ区、Ⅲ区、Ⅳ区、Ⅶ区，温差分别为8.90℃，9.27℃，9.65℃，9.57℃；Ⅱ区、Ⅴ区、Ⅵ区各个时期的温差差异不大，分别为8.19℃，8.32℃，8.70℃。从温差的变化趋势来看，Ⅰ区、Ⅲ区、Ⅳ区、Ⅶ区、Ⅷ区烤烟不同时期温差差异较大，表现为移栽伸根期温差大，随时间推移温差逐渐缩小，在烤烟成熟前期达到最小后又逐渐升高；Ⅱ区、Ⅴ区、Ⅵ区不同时期温差相对稳定。

4．降雨量

图5-4为降雨量变化，Ⅰ区、Ⅱ区、Ⅲ区、Ⅳ区、Ⅴ区、Ⅶ区和Ⅷ区在移栽伸根期间降雨量较低，旺长期累积降雨量增加，成熟前期累积降雨量达到最

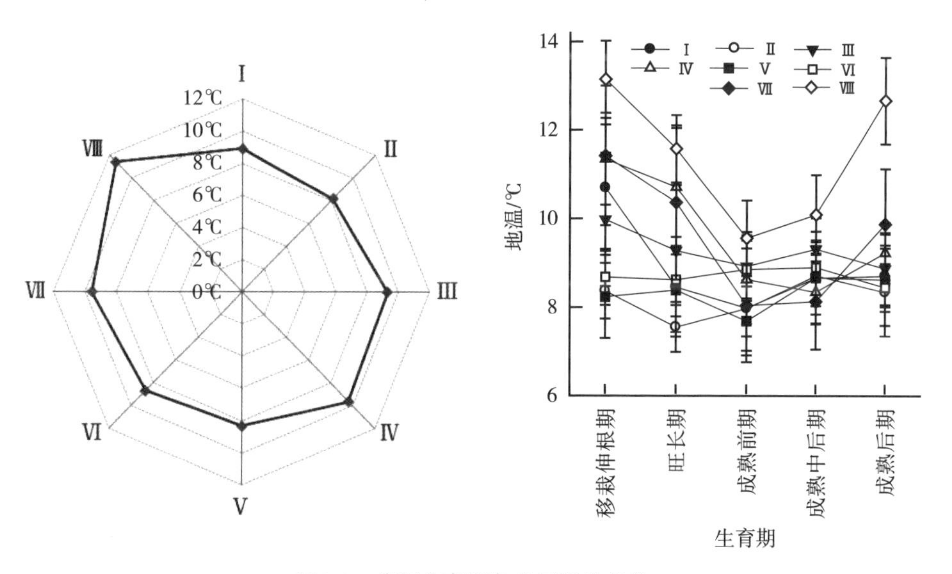

图5-3　烤烟生育期各分区温差变化

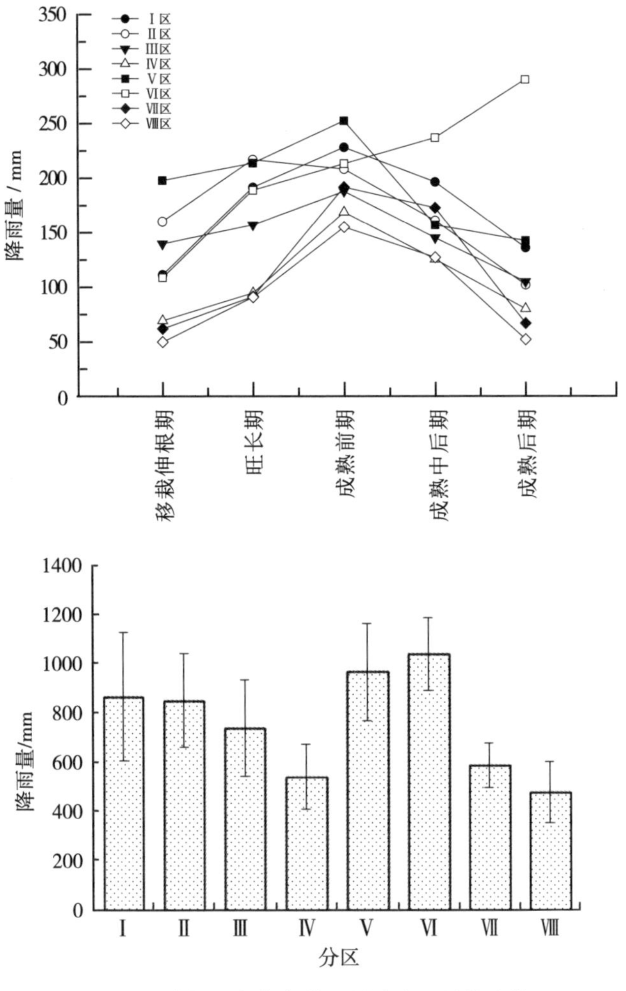

图5-4　烤烟生育期各分区累计降雨量的变化

大，之后降雨量下降，成熟后期降雨量下降到最低，整个生长季降雨量呈现先升高后降低的趋势；Ⅵ区降雨量变化趋势与其他区域不同，整个生长季降雨量呈现不断增加的趋势，成熟后期降雨量达到最大。从降水总量上来看，Ⅰ区、Ⅱ区、Ⅲ区降雨适中，分别为863.88，848.64，734.88mm；Ⅴ区、Ⅵ区降雨量丰富，分别为963.43mm和1038.25mm；Ⅳ区、Ⅶ区和Ⅷ区降雨量低，分别为538.54，585.08，475.26mm。

5. 降水概率

如图5-5降水概率变化所示，在移栽伸根期［图5-5（1）］Ⅳ区、Ⅶ区、

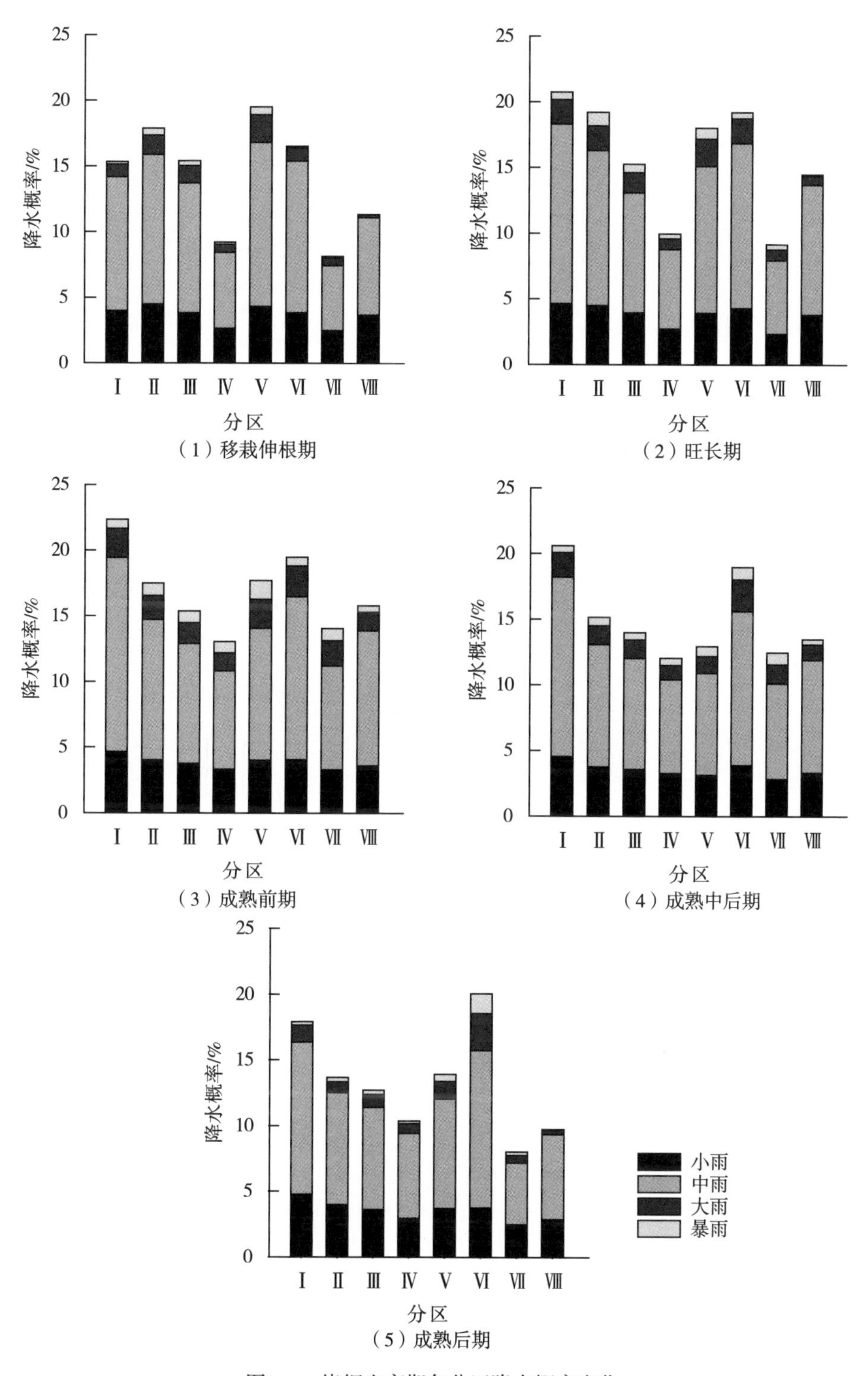

图5-5　烤烟生育期各分区降水概率变化

Ⅷ区降水概率最低；旺长期［图5-5（2）］Ⅳ区、Ⅶ区降水概率最低；成熟前期［图5-5（3）］Ⅳ区降水概率最低；成熟中后期［图5-5（4）］Ⅰ区、Ⅵ区降水概率最高，其他区降水概率较低；成熟后期［图5-5（5）］Ⅶ区、Ⅷ区降水概率最低。各分区不同等级降雨强度的概率表现较为一致，降雨量10～25mm的中雨概率较高，为64%～70%，其次为小于10mm的小雨概率，为22%～31%，25～50mm的概率为2%～11%，暴雨的概率最低，为0～3%。

6．日照时数

如图5-6日照时数变化所示。Ⅰ区光照适中，生育期平均日照753.90h；移栽伸根期最高为193.92h，旺长期降低至139.96h，旺长期至成熟后期日照时数差异不大。Ⅱ区光照和煦，生育期日照690.02h，整个生育期日照时数呈现先生高后降低的趋势。Ⅲ区光照适中，生育期日照773.89h，日照时数从移栽伸根期到旺长期小幅下降，到成熟中后期升至最高后下降，成熟后期降至最低129h。Ⅳ区光照充足，日照时数由移栽伸根期最高213.85h逐渐降低到成熟后期169.32h。Ⅴ区光照适中，日照时数由移栽伸根期103.21h上升至成熟中后期223.58h，然后下降，成熟后期降低至201.67h，且成熟前期至成熟中后期日照时数急剧升高。Ⅵ区光照和煦，日照时数由移栽伸根期最低84.77h逐渐升高到成熟后期135.57h。Ⅶ区、Ⅷ区光照充足，在移栽伸根期时日照时数最高，分别为246.89h和249.73h，成熟前期降至最低，分别为186.18h和212.58h。

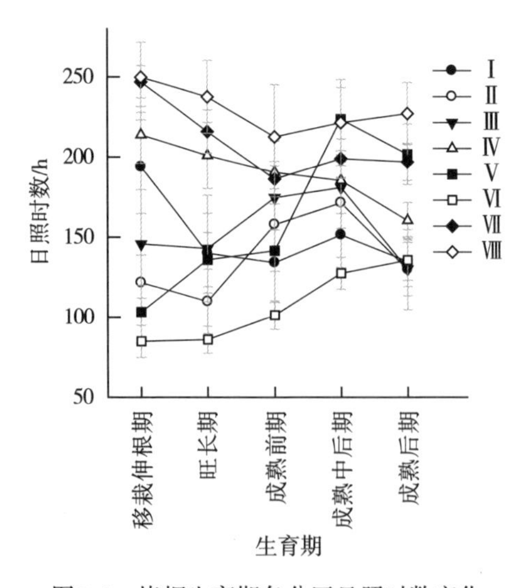

图5-6　烤烟生育期各分区日照时数变化

7. 日照百分率

日照百分率变化如图5-7所示，Ⅰ区、Ⅶ区、Ⅷ区日照百分率从移栽伸根期至成熟前期逐渐降低，成熟前期至成熟后期逐渐升高，在移栽伸根期日照百分率最高分别为46.67%，56.56%，54.67%，至成熟前期降至最低32.17%，42.11%，45.80%后，成熟中后期到成熟后期逐渐升高。Ⅱ区、Ⅲ区日照百分率从移栽29.34%，34.18%至旺长期略微降低后，逐渐升高到成熟中后期42.74%和44.53%，在成熟后期降低至35.54%和35.47%。Ⅳ区日照百分率在烤烟生育期中变化幅度小，平均为45.73%。Ⅴ区在成熟前期与成熟中后期日照百分率急剧升高至最高53.07%后降低。Ⅵ区日照百分率从旺长最低23.06%，逐渐升高，成熟后期达到32.89%。

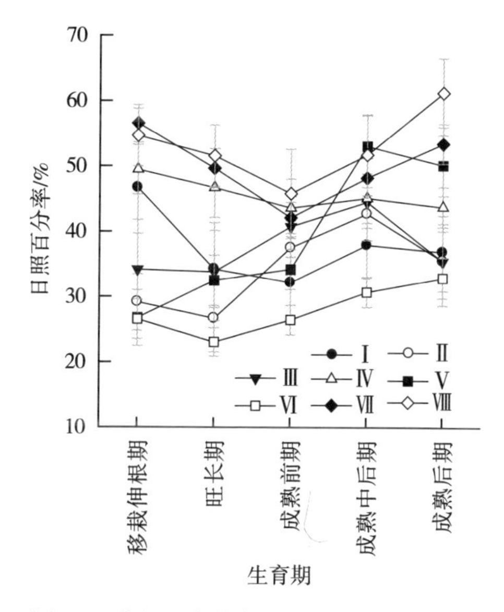

图5-7　烤烟生育期各分区日照百分率变化

8. 气压

如图5-8平均气压变化所示，各分区气压随烤烟大田生育期的推移，从移栽伸根期到成熟末期，各时期的气压的变化差异不大。其中气压最低的是Ⅰ区，平均值为842.643hPa，其次是Ⅱ区，平均值为923.244hPa，再次为Ⅲ区，平均值为956.395hPa，气压最高的是Ⅶ区，平均值为998.178hPa。Ⅳ、Ⅴ、Ⅵ、Ⅷ区之间差异不大，平均为971.937～998.178hPa。

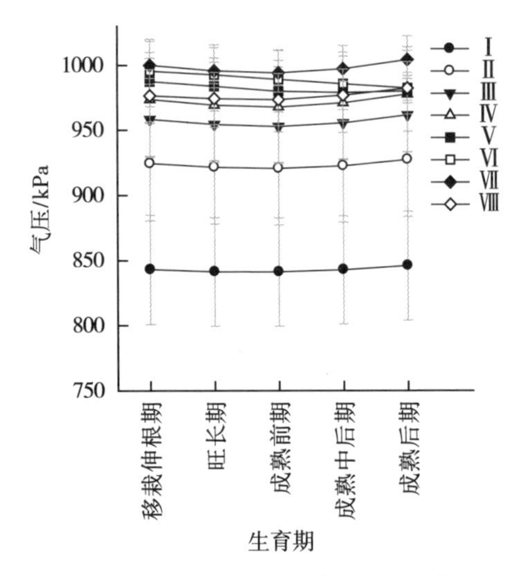

图5-8　烤烟生育期各分区气压变化

9．风速

风速变化如图5-9所示，Ⅰ区由移栽伸根期最高值2.07m/s逐渐降低，在成熟中后期降至最低1.29m/s，到成熟末期升高至1.32m/s。Ⅱ区、Ⅲ区、Ⅴ区和Ⅵ区生育期内风速差异不大，分别为1.44，1.29，1.91，1.25m/s。Ⅳ区和Ⅶ区风速从移栽伸根期到成熟后期逐渐降低。Ⅷ区由移栽伸根期最高值为3.32m/s

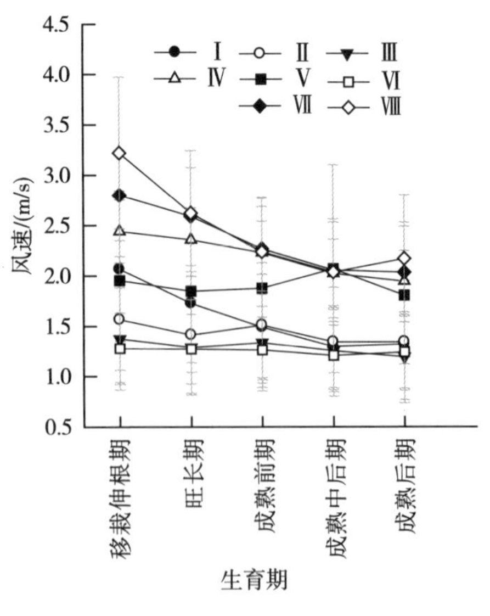

图5-9　烤烟生育期各分区风速变化

逐渐降低，在成熟中后期降至最低为2.03m/s，然后到成熟后期升高至2.17m/s。

10．蒸发量

蒸发量变化如图5-10所示，Ⅰ区、Ⅶ区、Ⅷ区随着烤烟的生长蒸发量逐渐降低，Ⅰ区从移栽伸根期的215.00mm减少到成熟后期125.55mm；Ⅶ区在移栽伸根期238.44mm后，到成熟末期逐步降低至153.22mm；Ⅷ区从移栽伸根期246.50mm，成熟后期减少到137.55mm。Ⅱ区、Ⅲ区、Ⅳ区、Ⅴ区移栽伸根期蒸发量较低，随着烤烟生长蒸发量逐渐增加，成熟前期蒸发量达到最大，之后蒸发量逐渐降低。Ⅵ区蒸发量从移栽伸根期到成熟后期呈逐渐增加的趋势。从蒸发量上来看，Ⅳ区、Ⅶ区、Ⅷ区蒸发量最高，分别为934.81，1001.4，957.28mm；其次为Ⅰ区、Ⅱ区、Ⅲ区、Ⅴ区，蒸发量分别为800.73，742.95，764.76，809.92mm；Ⅵ区蒸发量最低，仅为545.66mm。

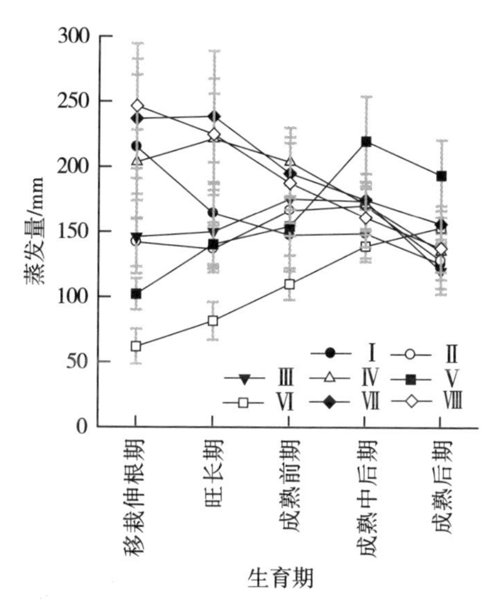

图5-10　烤烟生育期各分区蒸发量变化

11．相对湿度

相对湿度变化如图5-11所示，Ⅱ区、Ⅲ区、Ⅴ区、Ⅵ区相对湿度在烤烟整个大田生育期中变化差异不大，分别为79.53%，77.74%，79.30%，81.03%。Ⅰ区相对湿度由移栽伸根期67.63%逐渐上升到成熟期逐步稳定为80.75%。Ⅶ区、Ⅷ区相对湿度值从移栽伸根期时的63.44%和53.10%逐步上

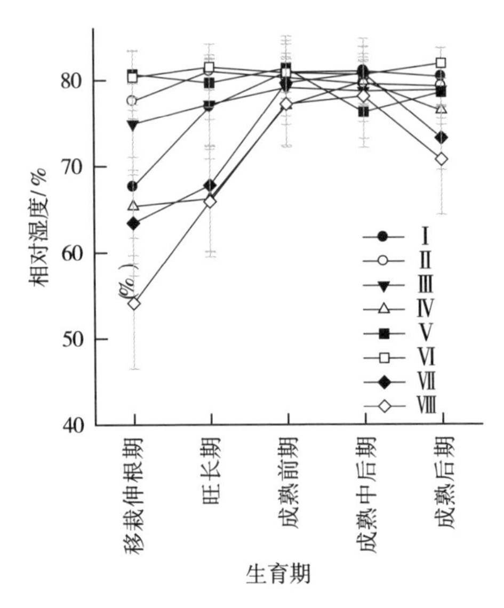

图5-11　烤烟生育期各分区相对湿度变化

升到成熟中后期80.78%和78.10%，然后在成熟后期降低到73.22%和70.71%。Ⅳ区相由移栽伸根期65.38%上升到成熟期逐步稳定为77.75%。

二、不同香型风格烟区土壤条件差异

1. 土壤pH

土壤pH是影响烤烟生产的一个重要因素，各区土壤pH分布见表5-1。烤烟最适宜的土壤pH为5.5～6.5，适宜的土壤pH为5.5～7.0。不同香型风格烟区土壤pH差异较大，Ⅰ区土壤pH适宜，其中46.6%在适宜范围内，pH平均为6.59；Ⅱ区土壤pH适宜，其中46.8%在适宜范围，pH平均为6.56；Ⅲ区土壤pH最适宜，平均为6.30，其中40.5%的土壤pH分布在5.5～6.5；Ⅳ区土壤偏碱性，pH平均为7.54，其中85.7%土壤pH>7.0；Ⅴ区土壤pH分散，pH 5.5～7.0的土壤占27.4%，pH<5.5的土壤占29.9%，pH>7.0的土壤占42.7%；Ⅵ区土壤偏酸性，pH<5.5的土壤占88.4%;Ⅶ区土壤pH适宜，pH5.5～7.0的土壤占59.8%，pH>7.0的土壤占39.3%；Ⅷ区土壤偏碱性，pH>7.0的土壤占95.2%。

2. 土壤有机质

根据植烟土壤有机质含量，将土壤有机质划分为有机质丰富（SOM>25g/kg）、有机质含量适宜（SOM15～25g/kg）、有机质含量较低（SOM<15g/kg），各区有机

表5-1　　不同香型风格烟区土壤pH分布

分区	pH分布/%					平均含量
	pH<4.5	4.5≤pH<5.5	5.5≤pH<6.5	6.5≤pH≤7.0	pH>7.0	
Ⅰ	0.4	16.8	29.8	16.8	36.2	6.56
Ⅱ	0.5	14.3	29.4	17.4	38.4	6.59
Ⅲ	1.5	16.0	40.5	19.5	22.6	6.30
Ⅳ	0	0	5.8	8.5	85.7	7.54
Ⅴ	4.3	25.6	20.5	6.8	42.7	6.45
Ⅵ	32.4	56.0	8.7	1.3	1.5	4.77
Ⅶ	0.1	0.8	29.6	30.2	39.3	6.80
Ⅷ	0	0	0	4.8	95.2	7.55

质见表5-2。Ⅰ区土壤有机质含量丰富，平均为30.47g/kg，其中有机质含量>25g/kg的土壤占64.24%。Ⅱ区土壤有机质含量丰富，平均为30.54g/kg，其中有机质含量>25g/kg的土壤占66.47%。Ⅲ区土壤有机质含量丰富，平均为26.13g/kg，其中有机质含量>25g/kg的土壤占49.49%。Ⅳ区土壤有机质含量较低，平均为12.90g/kg，其中有机质含量<15g/kg的土壤占79.07。Ⅴ区土壤有机质含量丰富，平均为34.76g/kg，其中有机质含量>25g/kg的土壤占72.19%。Ⅵ区土壤有机质含量适宜，平均为20.60g/kg，其中有机质含量15～25g/kg的土壤占47.82%。Ⅶ区土壤有机质含量较

表5-2　　不同香型风格烟区土壤有机质分布

分区	土壤有机质分布/%				平均含量/（g/kg）
	SOM<15g/kg	15g/kg≤SOM<25g/kg	25g/kg≤SOM≤35g/kg	SOM>35g/kg	
Ⅰ	8.03	27.73	33.42	30.82	30.47
Ⅱ	3.10	30.43	37.83	28.64	30.54
Ⅲ	9.63	40.89	32.72	16.77	26.13
Ⅳ	79.07	20.22	0.65	0.06	12.90
Ⅴ	6.26	21.56	27.38	44.81	34.76
Ⅵ	26.41	47.82	17.95	7.82	20.60
Ⅶ	99.07	0.93	0	0	6.14
Ⅷ	0	11.30	44.07	44.63	34.65

低，平均为6.14g/kg，其中有机质含量<15g/kg的土壤占99.07%。Ⅷ区土壤有机质含量丰富，平均为34.65g/kg，其中有机质含量>25g/kg的土壤占88.70%。

3．土壤速效氮

土壤速效氮是土壤氮供应能力的重要指标，各区分布见表5-3。Ⅰ区土壤速效氮含量丰富，平均为115.44mg/kg，其中速效氮含量≥65mg/kg的土壤占84.16%。Ⅱ区土壤速效氮含量适宜，平均为67.02mg/kg，其中速效氮含量<65mg/kg的土壤占73.50%。Ⅲ区土壤速效氮含量丰富，平均为114.05mg/kg，其中速效氮含量≥65mg/kg的土壤占78.55%。Ⅳ区土壤速效氮含量适宜，平均为57.68mg/kg，其中速效氮含量<65mg/kg的土壤占71.73%。Ⅴ区土壤速效氮含量丰富，平均为171.95mg/kg，其中速效氮含量≥65mg/kg的土壤占94.25%。Ⅵ区土壤速效氮含量丰富，平均为139.90mg/kg，其中速效氮含量≥65mg/kg的土壤占94.23%。Ⅶ区土壤速效氮含量适宜，平均为55.80mg/kg，其中速效氮含量<65mg/kg的土壤占77.30%。Ⅷ区土壤速效氮含量丰富，平均为131.12mg/kg，其中速效氮含量≥65mg/kg的土壤占98.87%。

4．土壤速效磷

我国植烟土壤速效磷含量平均为19.76mg/kg，其中速效磷含量低的土壤占28.73%，速效磷适中的土壤占35.34%，速效磷丰富的土壤占26.27%，速效磷含量高的土壤占9.66%。各区土壤速效磷分布见表5-4，Ⅰ区土壤速效磷含量

表5-3　　不同香型风格烟区土壤速效氮含量分布

分区	土壤速效氮含量分布/%			平均含量/（mg/kg）
	<65mg/kg	65～100mg/kg	>100mg/kg	
Ⅰ	15.84	24.44	59.71	115.44
Ⅱ	73.50	10.86	15.64	67.02
Ⅲ	21.45	18.95	59.59	114.05
Ⅳ	71.73	24.96	3.31	57.68
Ⅴ	5.75	10.22	84.03	171.95
Ⅵ	5.77	8.59	85.64	139.90
Ⅶ	77.30	21.50	1.20	55.80
Ⅷ	1.13	16.38	82.49	131.12

表5-4　　不同香型风格烟区土壤速效磷含量分布

分区	土壤速效磷含量分布/%				平均含量/（mg/kg）
	低（<10mg/kg）	适中［10（含）~20（含）mg/kg］	丰富［20（不含）~40（含）mg/kg］	高（>40mg/kg）	
Ⅰ	17.81	28.64	33.04	20.51	27.50
Ⅱ	30.12	37.12	25.07	7.69	18.82
Ⅲ	37.00	37.27	18.43	7.29	16.60
Ⅳ	43.17	45.00	10.76	1.06	12.59
Ⅴ	18.61	35.86	38.43	7.10	20.72
Ⅵ	10.51	25.64	43.08	20.77	28.23
Ⅶ	36.90	30.21	27.27	5.61	17.20
Ⅷ	6.78	15.25	37.85	40.11	36.90

丰富，平均为27.50mg/kg，其中土壤速效磷>20mg/kg的土壤占53.55%，速效磷低的土壤占17.81%。Ⅱ区土壤速效磷含量适中，平均为18.82mg/kg，但缺磷土壤比例较高，占30.12%。Ⅲ区土壤速效磷含量适中，平均为16.60mg/kg，缺磷土壤占37.00%。Ⅳ区土壤速效磷含量低，平均为12.59mg/kg，缺磷土壤比例达到了43.17%。Ⅴ区土壤速效磷含量适中，平均为20.72mg/kg，土壤速效磷含量10~40mg/kg的土壤占74.29%。Ⅵ区土壤速效磷含量丰富，平均为28.23mg/kg，其中土壤速效磷>20mg/kg的土壤占63.85%。Ⅶ区土壤速效磷含量适中，平均为17.20mg/kg，但缺磷土壤比例较高，占36.90%。Ⅷ土壤速效磷含量丰富，平均为36.90mg/kg，其中土壤速效磷>20mg/kg的土壤占77.97%。

5．土壤速效钾

烤烟属于喜钾作物，钾对烤烟正常生长和品质至关重要。我国植烟土壤速效钾含量普遍较低，平均含量为145.96mg/kg（表5-5）。Ⅰ区土壤速效钾含量适中，速效钾含量≥150mg/kg的土壤占56.26%。Ⅱ区土壤速效钾含量低，速效钾含量≥150mg/kg的土壤占36.75%。Ⅲ区土壤速效钾含量适中，速效钾含量≥150mg/kg的土壤占44.47%。Ⅳ区土壤速效钾含量适中，速效钾含量≥150mg/kg的土壤占48.37%。Ⅴ区土壤速效钾含量低，速效钾含量≥150mg/kg

表5-5　　不同香型风格烟区土壤速效钾含量分布

分区	土壤速效钾含量分布/%				平均含量/（mg/kg）
	低（<150mg/kg）	适中［150（含）~220（含）mg/kg］	丰富［220（不含）~350（含）mg/kg］	高（>350mg/kg）	
Ⅰ	43.74	23.38	21.42	11.46	195.69
Ⅱ	63.25	24.24	11.16	1.35	141.96
Ⅲ	55.53	27.58	14.84	2.05	155.00
Ⅳ	51.63	35.19	12.66	0.53	154.68
Ⅴ	88.46	9.44	1.73	0.37	98.14
Ⅵ	95.90	3.72	0.38	0	60.19
Ⅶ	41.52	38.18	18.96	1.34	171.55
Ⅷ	27.68	40.11	31.64	0.56	186.35

的土壤占11.54%。Ⅵ区土壤速效钾含量低，速效钾含量≥150mg/kg的土壤仅占4.10%。Ⅶ区土壤速效钾含量适中，速效钾含量≥150mg/kg的土壤占58.48%。Ⅷ区土壤速效钾含量低，速效钾含量≥150mg/kg的土壤占72.32%。

第二节　八大香型烤烟烟叶生态特征

Ⅰ区：主要位于云贵高原区，隶属于中国气候区划中的南亚热带湿润气候及中亚热带湿润气候。该区温度适中、昼夜温差小、降雨适中、光照适中；土壤pH适宜，土壤有机质、土壤速效氮和土壤速效磷含量丰富、土壤速效钾含量适中。

Ⅱ区：主要位于云贵高原区，大部分区域属于中国气候区划的中亚热带湿润气候。该区温度较高，昼夜温差小，降雨中等，日照和煦；土壤pH适宜，土壤有机质含量丰富，土壤速效氮和速效磷含量适中，土壤速效钾含量低。

Ⅲ区：位于高原与平原过渡区，属于中国气候区划中的中亚热带湿润气候及北亚热带湿润气候。该区温度较高、昼夜温差中等、降雨中等、光照中等；

土壤pH适宜，土壤有机质和土壤速效氮含量丰富，土壤速效磷及速效钾含量适中。

Ⅳ区：地形属于黄土高原及华北平原区，属于中国气候区划中的北亚热带湿润气候及暖温带半湿润气候。烤烟大田期温度较高，昼夜温差中等，降雨量低，光照充足；土壤偏碱性，土壤有机质含量低，土壤速效氮和土壤速效钾含量适宜，土壤速效磷含量低。

Ⅴ区：位于我国东南丘陵区，属于中国气候区划中的中亚热带湿润气候。烟草大田期温度较高、昼夜温差小、降雨量丰富、光照中等。该区土壤pH分布不集中，土壤有机质含量丰富，土壤速效氮含量丰富，土壤速效磷含量丰富，土壤速效钾含量低。

Ⅵ区：位于我国东南丘陵区，属于中国气候区划中的中亚热带湿润气候。烟草生育期平均温度较低、昼夜温差小、降雨量丰富、光照和煦。该区土壤偏酸性，土壤有机质含量丰富，土壤速效氮和土壤速效磷含量丰富，土壤速效钾含量低。

Ⅶ区：位于我国山东丘陵区，属于中国气候区划中的暖温带半湿润区。其烟草大田温度较高、昼夜温差中等、降雨量低、光照充足。该区土壤pH适宜，土壤有机质含量低，土壤速效氮、土壤速效磷、土壤速效钾含量适中。

Ⅷ区：属于中国气候区划中的暖温带半湿润区和寒温带半湿润区。该区土壤偏碱性，土壤有机质含量丰富，土壤速效氮、土壤速效磷含量丰富，土壤速效钾含量低。

第六章
八大香型烤烟烟叶化学成分与化学特征

第一节　八大香型烤烟烟叶化学表征方法

将全国各产地烟叶样品化学成分含量以年度进行Z-Score标准化处理，进行八大香型风格区烟叶化学成分PCA分析（图6-1），结合成分指向图和变量贡献度（表6-1），可说明各化学成分在烟叶特征评价中的关键性。

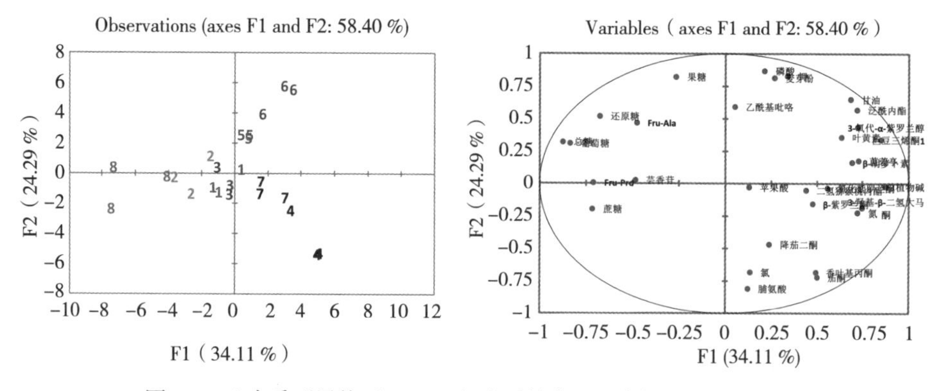

图6-1　八大香型风格区Z-Score年度平均值PCA分析及成分指向图

表6-1　　化学成分变量贡献度

化学成分	F1	F2
总糖	7.20	1.36
还原糖	4.30	3.55
氯	0.18	6.21
钾	1.08	9.08

续表

化学成分	F1	F2
氮	4.99	0.67
总植物碱	7.25	0.01
Fru-Ala	2.13	2.90
Fru-Pro	4.74	0.00
叶黄素	3.85	1.70
β-胡萝卜素	4.59	0.35
莨菪亭	5.07	0.42
芸香苷	2.20	0.01
磷酸	0.44	10.00
甘油	4.48	5.59
脯氨酸	0.15	8.70
苹果酸	0.17	0.01
果糖	0.66	8.96
葡萄糖	6.58	1.27
蔗糖	4.82	0.52
麦芽酚	0.69	8.79
乙酰基吡咯	0.03	4.64
泛酰内酯	4.96	4.29
茄酮	2.38	6.92
香叶基丙酮	2.32	6.21
降茄二酮	0.55	2.93
β-紫罗兰酮	2.16	0.33
氧化紫罗兰酮	2.96	0.02
二氢猕猴桃内酯	1.84	0.04
巨豆三烯酮1	6.91	1.53
3-羟基-β-二氢大马酮	5.33	0.46
3-氧代-α-紫罗兰醇	5.00	2.51

第二节　八大香型烤烟烟叶化学成分差异

一、常规化学成分

2011—2013年的八大香型风格区烟叶常规化学成分平均值和标准偏差（S.D.）分别见表6-2、表6-3和表6-4，三年平均值规律见图6-2。图6-2结果表明常规化学成分总糖、还原糖、总氮、总植物碱、氯、钾在三年间表现出较好的规律一致性，八个香型风格区三年平均值和S.D.见表6-5和图6-3。八个香型风格区烟叶常规化学成分特征规律如下。

表6-2　　2011年八大香型风格区烟叶常规化学成分平均值和S.D.

香型风格区	总糖/%		还原糖/%		总氮/%		总植物碱/%		氯/%		钾/%	
	平均值	S.D.	平均值	S.D.	平均值	S.D.	平均值	S.D.	平均值	S.D.	平均值	S.D.
Ⅰ区	33.6	3.7	27.9	3.5	1.9	0.3	2.2	0.7	0.5	0.6	1.7	0.4
Ⅱ区	33.7	2.5	24.0	2.6	1.6	0.1	2.1	0.4	0.2	0.1	1.8	0.4
Ⅲ区	30.1	3.8	24.6	3.4	1.8	0.2	2.3	0.4	0.2	0.1	2.1	0.6
Ⅳ区	23.6	3.3	21.6	3.6	2.1	0.3	2.4	0.5	0.7	0.5	1.5	0.3
Ⅴ区	29.3	3.5	25.0	2.9	1.7	0.1	2.3	0.5	0.3	0.2	2.1	0.3
Ⅵ区	32.0	2.8	28.0	1.9	1.8	0.2	2.6	0.2	0.2	0.1	2.9	0.3
Ⅶ区	28.9	1.6	26.3	0.8	2.0	0.2	2.4	0.3	0.4	0.2	1.4	0.1
Ⅷ区	37.8	2.5	27.9	1.9	1.4	0.1	1.2	0.2	0.8	0.6	1.2	0.1

表6-3　　2012年八大香型风格区烟叶常规化学成分平均值和S.D.

香型风格区	总糖/%		还原糖/%		总氮/%		总植物碱/%		氯/%		钾/%	
	平均值	S.D.	平均值	S.D.	平均值	S.D.	平均值	S.D.	平均值	S.D.	平均值	S.D.
Ⅰ区	31.8	4.5	27.5	4.5	1.9	0.2	2.4	0.6	0.5	0.6	1.7	0.4
Ⅱ区	33.6	1.8	30.7	1.7	1.6	0.1	2.4	0.4	0.2	0.2	2.3	0.4
Ⅲ区	31.9	3.8	26.4	2.8	1.7	0.2	2.5	0.5	0.2	0.1	2.2	0.7
Ⅳ区	23.9	1.9	21.1	1.8	1.9	0.1	2.7	0.2	0.9	0.7	1.4	0.3

续表

香型风格区	总糖/%		还原糖/%		总氮/%		总植物碱/%		氯/%		钾/%	
	平均值	S.D.	平均值	S.D.	平均值	S.D.	平均值	S.D.	平均值	S.D.	平均值	S.D.
Ⅴ区	28.9	4.0	26.2	3.4	1.6	0.1	2.0	0.5	0.1	0.1	2.6	0.4
Ⅵ区	31.6	2.4	28.1	2.0	1.9	0.2	2.5	0.5	0.2	0.1	2.9	0.4
Ⅶ区	30.6	4.5	28.2	2.9	1.8	0.2	2.3	0.3	0.3	0.2	2.3	0.7
Ⅷ区	37.8	1.1	31.7	1.6	1.8	0.05	1.6	0.2	0.7	0.3	1.4	0.2

表6-4　　2013年八大香型风格区烟叶常规化学成分平均值和S.D.

香型风格区	总糖/%		还原糖/%		总氮/%		总植物碱/%		氯/%		钾/%	
	平均值	S.D.	平均值	S.D.	平均值	S.D.	平均值	S.D.	平均值	S.D.	平均值	S.D.
Ⅰ区	29.1	6.4	25.7	5.8	1.6	0.3	2.2	0.6	0.4	0.4	1.6	0.4
Ⅱ区	34.5	2.6	23.0	2.1	1.2	0.1	1.7	0.4	0.1	0.1	1.9	0.4
Ⅲ区	28.3	3.5	21.8	3.7	1.4	0.2	2.3	0.4	0.1	0.1	1.9	0.4
Ⅳ区	19.7	3.9	16.7	3.5	1.7	0.2	2.6	0.4	0.9	0.4	1.3	0.2
Ⅴ区	26.9	4.3	23.0	3.3	1.4	0.1	2.2	0.6	0.2	0.2	2.4	0.2
Ⅵ区	29.7	2.0	25.2	2.2	1.4	0.1	2.3	0.4	0.1	0.1	2.6	0.2
Ⅶ区	23.0	3.5	20.4	3.5	1.6	0.2	2.9	0.5	0.6	0.5	1.5	0.2
Ⅷ区	36.4	1.6	30.4	2.5	1.3	0.1	1.1	0.2	0.3	0.2	1.1	0.1

（1）总糖和还原糖　Ⅷ区东北地区烟叶总糖和还原糖含量最高，其次为Ⅰ区和Ⅱ区烟叶，Ⅲ区和Ⅵ区烟叶居中，Ⅴ区和Ⅶ区略低，Ⅳ区河南省烟叶最低。烤后烟叶中的糖是在烟叶调制过程中，由淀粉分解转化而来。从生态环境看，温度是影响淀粉积累和消耗的主要因素，尤其是成熟中后期和成熟后期。糖含量较高的Ⅷ区、Ⅰ区和Ⅱ区成熟后期温度比较低，Ⅷ区东北地区烟叶成熟后期温度只有16℃左右，不利于淀粉的消耗和转化；Ⅳ区河南省温度偏高，该区日均温度23.40℃，随着生育期的推移呈现先升高后下降的趋势，前期较高的温度不利于淀粉的积累，可能是造成河南省烟叶糖含量低的因素之一。

（2）总氮　总氮含量各区差异并不十分显著，相对而言，Ⅳ区、Ⅶ区和Ⅰ区烟叶较高，Ⅱ区、Ⅴ区和Ⅷ区略低。氮肥的使用是影响烟草含氮量的重要因素，氮素在代谢过程中会消耗糖类物质，形成烟碱、氨基酸、蛋白质等含氮物

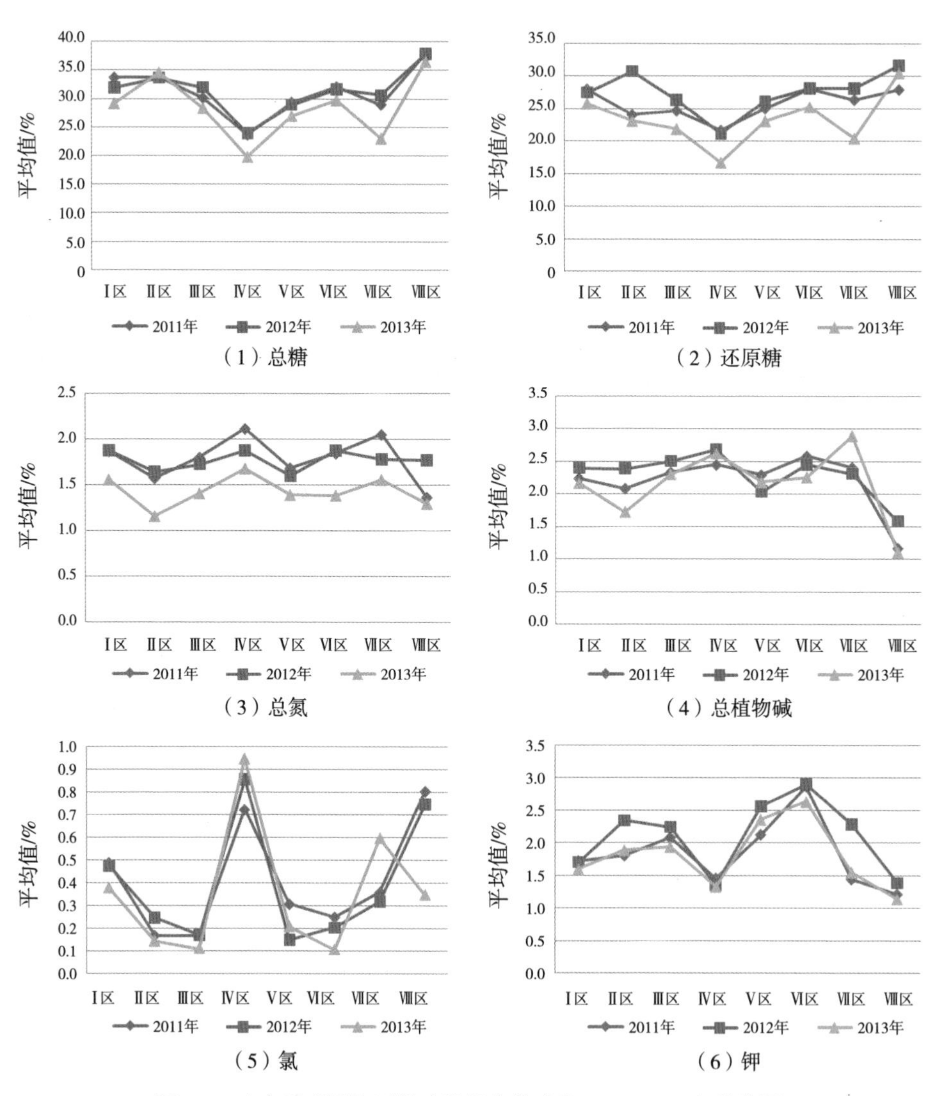

（1）总糖　（2）还原糖　（3）总氮　（4）总植物碱　（5）氯　（6）钾

图6-2　八大香型风格区烟叶常规化学成分2011—2013年均值图

质。因此，一般认为烟草的碳氮代谢是相互抑制的，氮含量高的烟叶一般糖含量较低，糖碱比作为考量烟草品质的关键指标被各工业公司广泛采用。另外，环境温度也不可忽视，氮素通过呼吸作用参与到物质的代谢中，较高的环境温度有利于氮代谢，也有利于香气物质的合成与代谢。河南省烟叶糖含量低，可能与其施肥量大、土壤特性等有一定关系。

（3）总植物碱　作为氮素代谢产物，总植物碱含量的总体规律与总氮较为

相似，各区差异也并不十分显著，相对而言，Ⅳ区、Ⅵ区、Ⅶ区烟叶略高，Ⅷ区东北地区烟叶显著低于其他风格区。

（4）氯　氯含量的区内变异略大，但是区间的差异还是十分显著的，Ⅰ区、Ⅳ区、Ⅶ区和Ⅷ区烟叶氯含量较高，尤其是Ⅳ区河南省烟叶。

（5）钾　钾含量的区内变异较小，区间的差异也十分显著，东南的Ⅴ区和Ⅵ区钾含量处于最高水平，Ⅰ区、Ⅱ区、Ⅲ区和Ⅶ区烟叶居中，Ⅳ区和Ⅷ区烟叶偏低。

钾和氯是考察烟叶燃烧性的重要指标，八大香型风格区中，东南的Ⅴ区和Ⅵ区钾高氯低，燃烧性好；Ⅳ区河南省烟叶氯高钾低，燃烧性有待进一步改进提高。

表6-5　　八大香型风格区烟叶常规化学成分三年总平均值和区间

常规成分	香型风格区	平均值	S.D.	1倍S.D.区间
总糖/%	Ⅰ区	31.5	5.6	26.0 ~ 37.1
	Ⅱ区	33.5	2.6	30.9 ~ 36.0
	Ⅲ区	30.1	3.9	26.1 ~ 34.0
	Ⅳ区	22.2	3.7	18.6 ~ 25.9
	Ⅴ区	28.4	4.0	24.4 ~ 32.4
	Ⅵ区	31.0	2.6	28.5 ~ 33.6
	Ⅶ区	27.5	4.8	22.8 ~ 32.3
	Ⅷ区	37.3	1.8	35.5 ~ 39.1
还原糖/%	Ⅰ区	27.0	5.0	22.0 ~ 32.0
	Ⅱ区	26.3	3.9	22.5 ~ 30.2
	Ⅲ区	24.2	3.8	20.4 ~ 28.0
	Ⅳ区	19.6	3.8	15.8 ~ 23.4
	Ⅴ区	24.7	3.4	21.3 ~ 28.2
	Ⅵ区	27.0	2.4	24.6 ~ 29.4
	Ⅶ区	25.0	4.3	20.7 ~ 29.3
	Ⅷ区	30.0	2.5	27.5 ~ 32.5

续表

常规成分	香型风格区	平均值	S.D.	1倍S.D.区间
氮/%	Ⅰ区	1.8	0.3	1.4 ~ 2.1
	Ⅱ区	1.5	0.3	1.2 ~ 1.7
	Ⅲ区	1.6	0.2	1.4 ~ 1.9
	Ⅳ区	1.9	0.3	1.6 ~ 2.1
	Ⅴ区	1.6	0.2	1.4 ~ 1.7
	Ⅵ区	1.7	0.3	1.4 ~ 2.0
	Ⅶ区	1.8	0.3	1.5 ~ 2.1
	Ⅷ区	1.5	0.2	1.2 ~ 1.7
总植物碱/%	Ⅰ区	2.3	0.6	1.6 ~ 2.9
	Ⅱ区	2.1	0.5	1.6 ~ 2.6
	Ⅲ区	2.4	0.4	1.9 ~ 2.8
	Ⅳ区	2.6	0.4	2.2 ~ 3.0
	Ⅴ区	2.2	0.5	1.6 ~ 2.7
	Ⅵ区	2.4	0.4	2.0 ~ 2.8
	Ⅶ区	2.5	0.5	2.1 ~ 3.0
	Ⅷ区	1.3	0.3	1.0 ~ 1.6
氯/%	Ⅰ区	0.5	0.6	0.0 ~ 1.1
	Ⅱ区	0.2	0.1	0.1 ~ 0.3
	Ⅲ区	0.1	0.1	0.1 ~ 0.2
	Ⅳ区	0.8	0.6	0.3 ~ 1.4
	Ⅴ区	0.2	0.2	0.1 ~ 0.4
	Ⅵ区	0.2	0.1	0.1 ~ 0.3
	Ⅶ区	0.4	0.3	0.1 ~ 0.7
	Ⅷ区	0.6	0.4	0.2 ~ 1.1
钾/%	Ⅰ区	1.7	0.4	1.2 ~ 2.1
	Ⅱ区	2.0	0.4	1.5 ~ 2.4
	Ⅲ区	2.1	0.6	1.5 ~ 2.7
	Ⅳ区	1.4	0.3	1.1 ~ 1.6
	Ⅴ区	2.3	0.4	2.0 ~ 2.7
	Ⅵ区	2.8	0.3	2.5 ~ 3.1
	Ⅶ区	1.8	0.6	1.2 ~ 2.4
	Ⅷ区	1.2	0.2	1.1 ~ 1.4

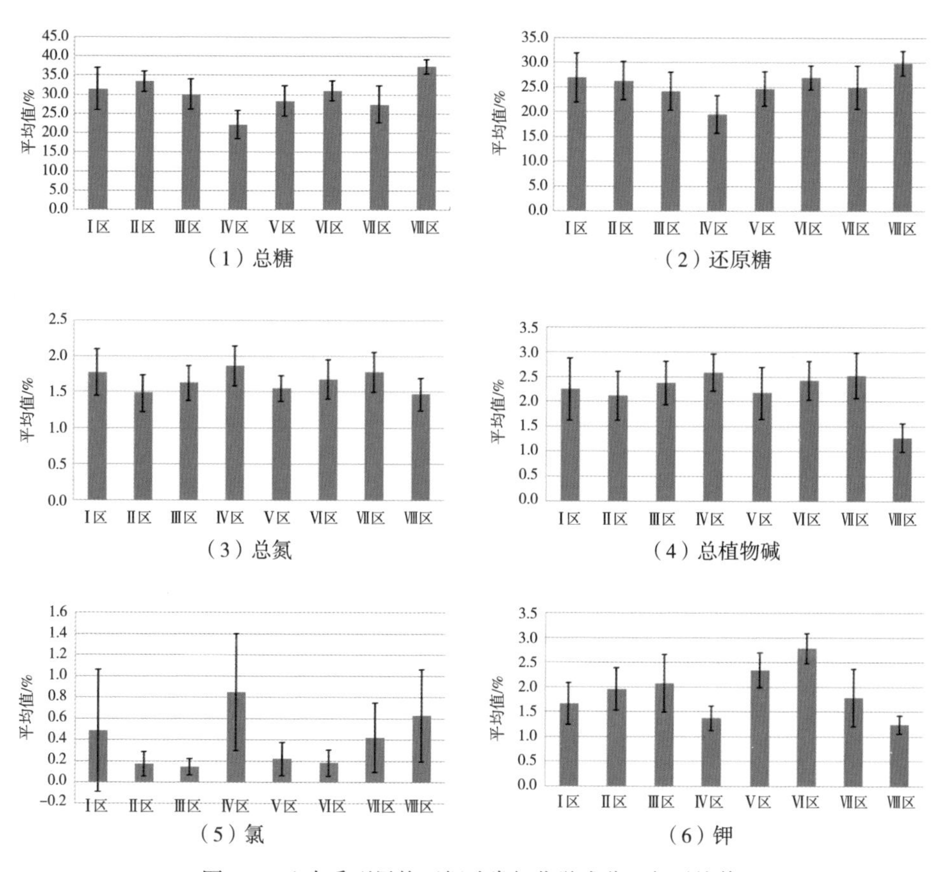

图6-3　八大香型风格区烟叶常规化学成分三年平均值

二、生物碱

连续三年的八大香型风格区烟叶生物碱平均值规律见图6-4。结果表明，烟碱作为烟草中的主要生物碱（占烤烟生物碱总量的95%），八个香型风格区三年平均值规律和常规检测总植物碱的结果是一致的，各区差异并不十分显著，相对而言Ⅳ区、Ⅵ区、Ⅶ区烟叶中含量略高，Ⅷ区烟叶中含量显著低于其他风格区；微量生物碱降烟碱、麦思明和烟碱的规律基本一致，假木贼碱和新烟草碱在三年间并没有显著规律性，2, 3′–联吡啶在Ⅳ区、Ⅴ区、Ⅵ区和Ⅶ区略高于其他风格区，但显著性不强。降烟碱又称去甲基烟碱，主要是在调制过程中由烟碱转化而来，麦斯敏是降烟碱的进一步代谢产物，因此降烟碱、麦斯敏表现出和烟碱相似的规律。

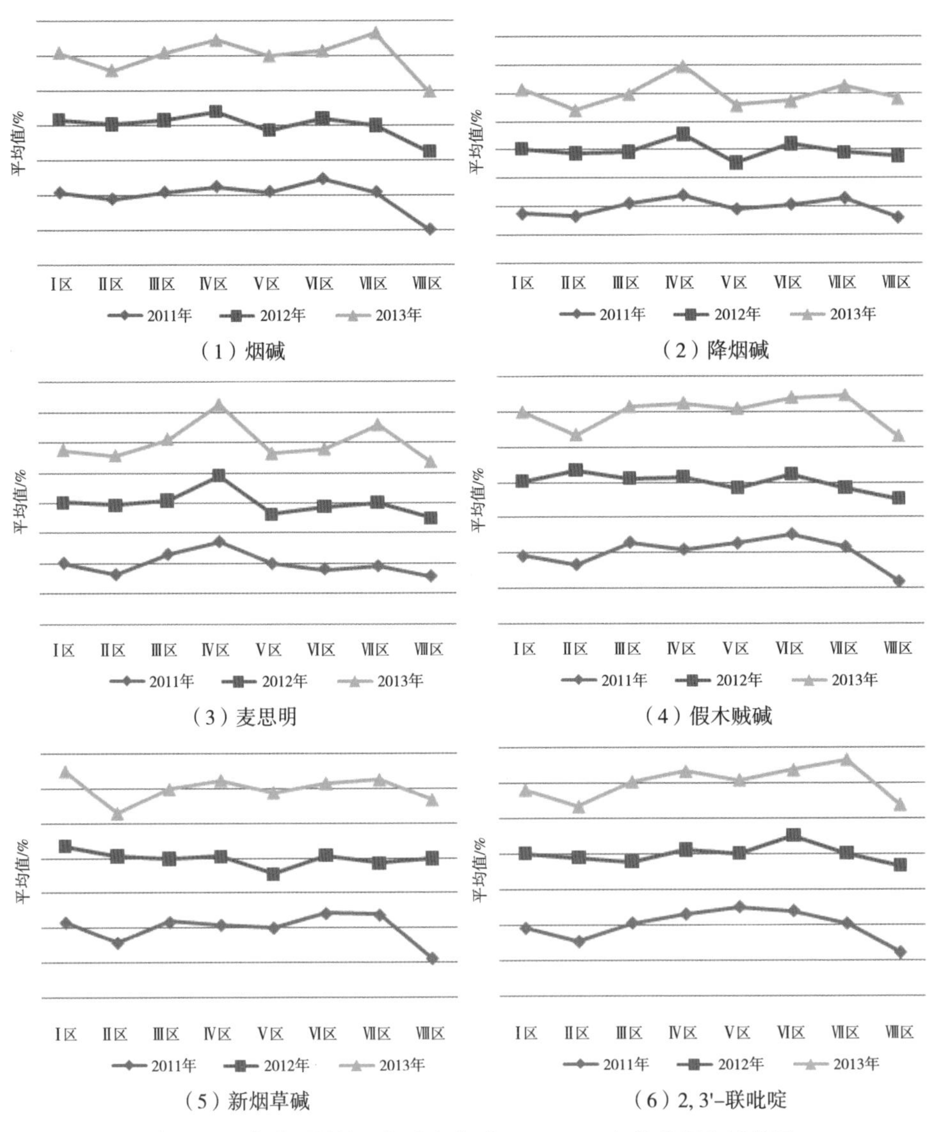

图6–4 八大香型风格区烟叶生物碱2011—2013年均值规律示意图

三、植物色素

连续三年的八大香型风格区烟叶植物色素平均值规律见图6–5，烟叶中叶黄素和β–胡萝卜素有极强的相关性（图6–6），相关系数大于0.9。结果表明，Ⅰ区、Ⅳ区和Ⅵ区烟叶叶黄素和β–胡萝卜素含量较高，Ⅴ区烟叶略低，Ⅷ区显著低于其他风格区。

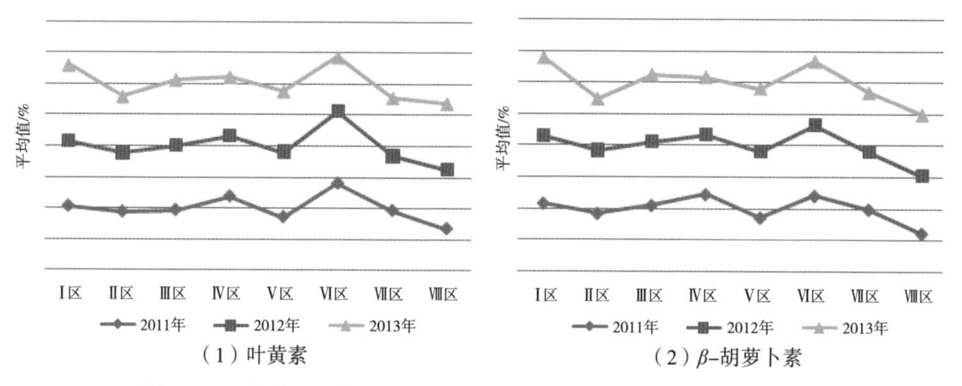

（1）叶黄素　　（2）β-胡萝卜素

图6-5　八大香型风格区烟叶植物色素2011—2013年均值规律示意图

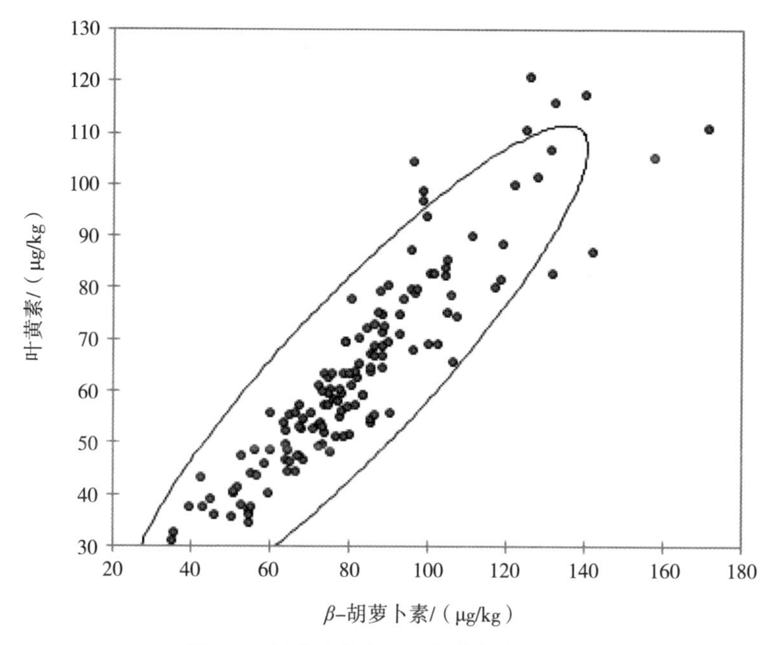

图6-6　烟叶叶黄素和β-胡萝卜素相关性

四、多酚

连续三年的八大香型风格区烟叶多酚平均值规律见图6-7。绿原酸是烟叶中含量最高的多酚物质，芸香苷其次，莨菪亭再次。结果表明，不同风格区烟叶绿原酸含量并没有显著差异；Ⅰ区芸香苷含量较高，Ⅳ区和Ⅶ区略低；莨菪亭是Ⅳ区和Ⅶ区较高，Ⅱ区和Ⅷ区略低。

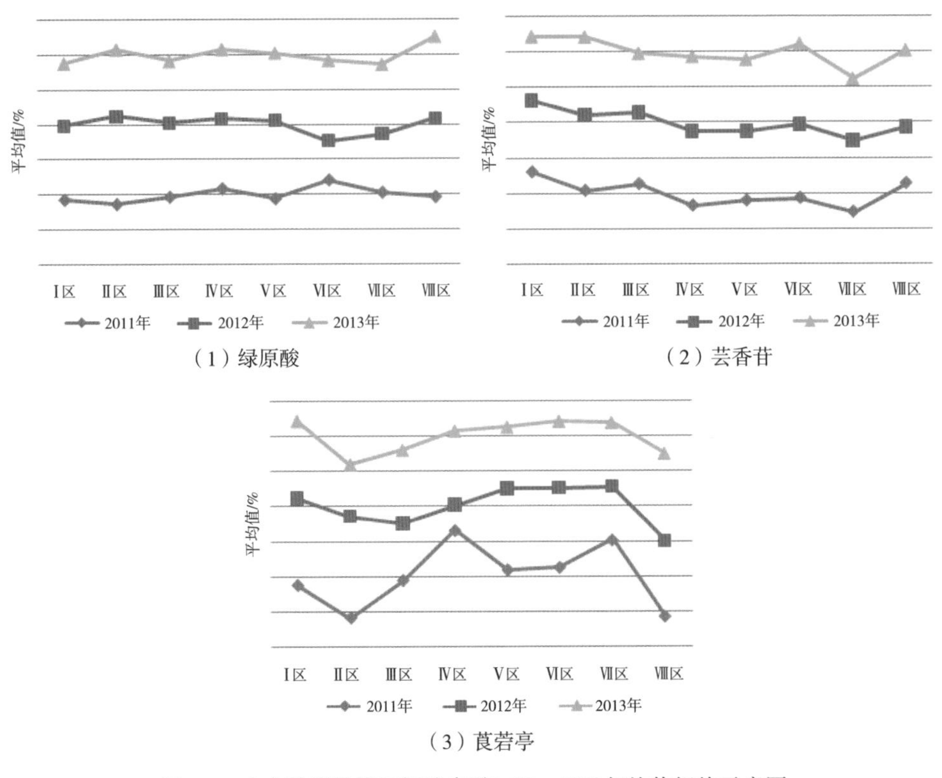

（1）绿原酸

（2）芸香苷

（3）莨菪亭

图6-7 八大香型风格区烟叶多酚2011—2013年均值规律示意图

五、Amadori化合物

连续三年的八大香型风格区烟叶Amadori化合物平均值规律见图6-8。Fru-Ala和Fru-Pro是烤烟烟叶中做主要的两种Amadori化合物，以Fru-Pro含量

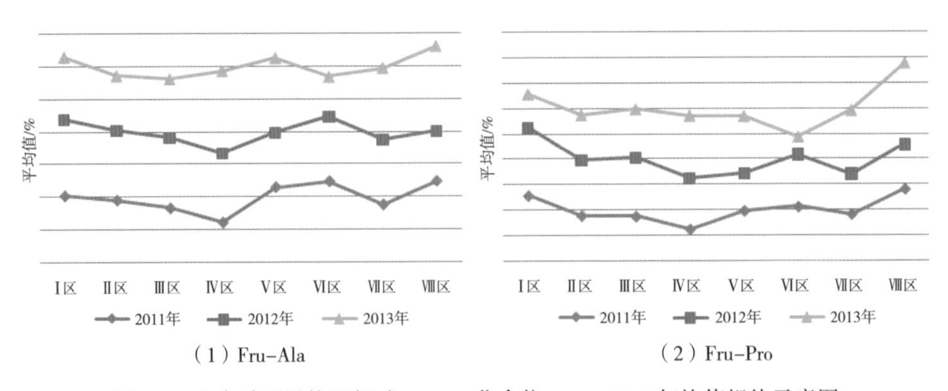

（1）Fru-Ala

（2）Fru-Pro

图6-8 八大香型风格区烟叶Amadori化合物2011—2013年均值规律示意图

最高。结果表明：Fru-Ala在Ⅰ区、Ⅴ区、Ⅵ区和Ⅷ区含量较高，Ⅳ区偏低；Fru-Pro在Ⅰ区、Ⅷ区含量较高，Ⅳ区偏低。

从相关性分析看（表6-6），Fru-Ala和Fru-Pro相关性较好，相关系数接近0.7，与糖类物质呈正相关，除蔗糖外相关系数基本在0.5以上。相关性分析结果说明，Fru-Ala和Fru-Pro形成具有协同效应，且与Amadori化合物形成与碳水化合物的代谢更紧密。

表6-6　烟叶Amadori化合物与糖、脯氨酸相关性（Person相关系数）

成分	Fru-Ala	Fru-Pro
Fru-Ala	1.00	0.67
Fru-Pro	0.67	1.00
脯氨酸	（0.22）	0.33
果糖	0.52	0.45
葡萄糖	0.54	0.57
蔗糖	0.06	0.16

六、硅烷化指纹图谱

硅烷化指纹图谱涵盖磷酸、甘油、脯氨酸、苹果酸、糖等烟草中重要非挥发性成分。连续三年的八大香型风格区烟叶硅烷化指纹图谱成分平均值规律见图6-9。

（1）磷酸　磷是形成细胞核蛋白、卵磷脂等不可缺少的元素。磷元素能加速细胞分裂，促使根系和地上部加快生长。结果表明，Ⅴ区、Ⅵ区烟叶中磷酸含量比较高，Ⅳ区含量比较低。不同风格区烟叶磷酸含量不同可能与磷肥使用量及土壤特性有关。

（2）甘油　Ⅵ区烟叶中甘油含量较高，Ⅷ区含量偏低。

（3）脯氨酸　脯氨酸是烤烟中含量最高的氨基酸，结果表明，东南的Ⅴ区、Ⅵ区烟叶中脯氨酸含量较低，Ⅰ区和黄淮的Ⅳ区、Ⅶ区含量较高。脯氨酸含量的可能与总氮有关，从脯氨酸与总氮相关性分析看（图6-10），呈中等正相关，Person相关系数约为0.5。

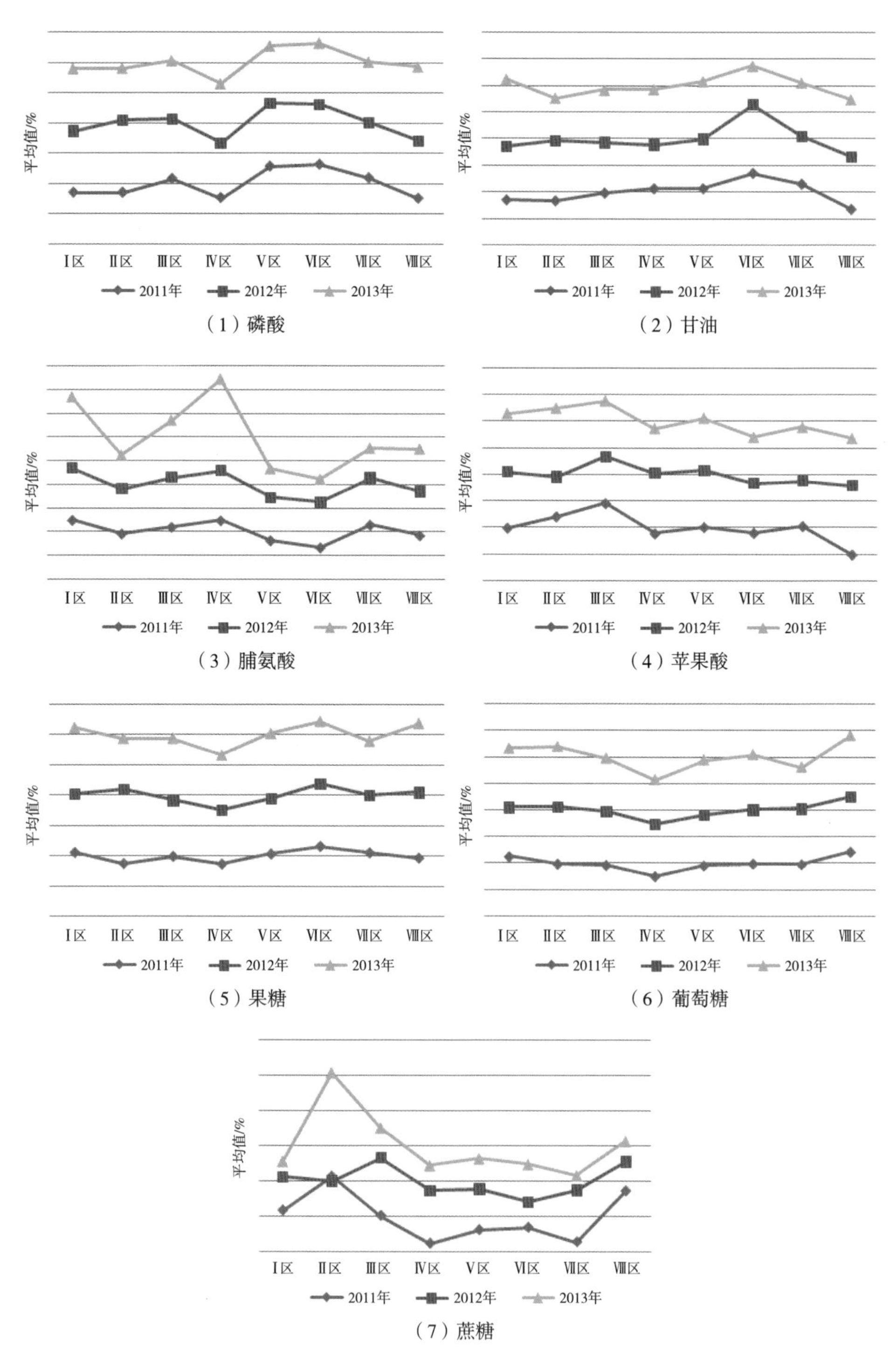

图6-9　八大香型风格区烟叶硅烷化指纹图谱成分2011—2013年均值规律示意图

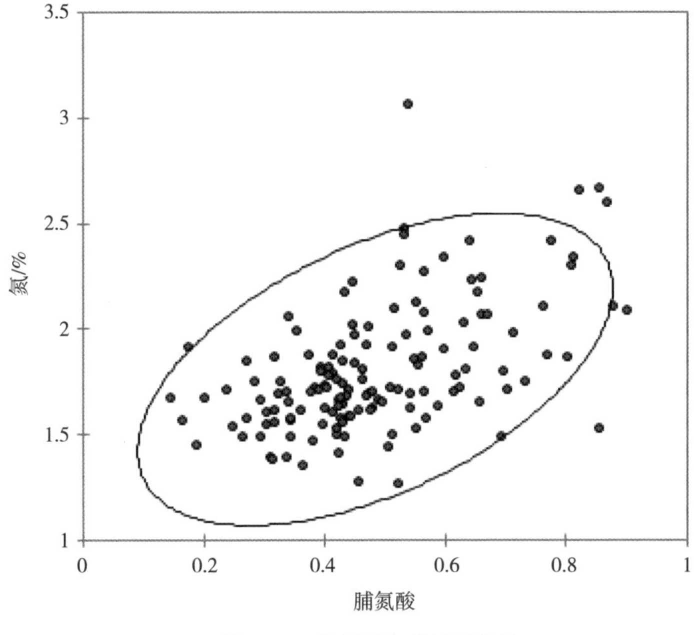

图6-10　脯氨酸和总氮相关性/%

（4）苹果酸　苹果酸是烤烟中含量最高的多元酸，结果表明，Ⅲ区烟叶中含量较高，Ⅷ区烟叶含量较低。

（5）糖　葡萄糖和果糖是烟草中含量最高的还原糖，蔗糖是非还原糖。一般总糖为葡萄糖、果糖、蔗糖之和，还原糖为葡萄糖、果糖之和，蔗糖为“两糖差”（总糖-还原糖），糖裂解产生酸性物质，使烟气柔和。过高的糖含量，使烟气平淡，小分子醛类物质有刺激性。Ⅰ区、Ⅱ区、Ⅲ区和Ⅷ区烟叶葡萄糖、果糖和蔗糖均高，因此表现出总糖和还原糖也高，其中Ⅷ区烟叶含量最高。Ⅴ区、Ⅵ区、Ⅶ区烟叶果糖和葡萄糖含量比较高，蔗糖含量比较低，因此还原糖含量比较高，总糖含量中等；Ⅳ区河南省烟叶葡萄糖、果糖和蔗糖均低，因此表现出总糖和还原糖也低。从相关性分析也可以看出（表6-7），葡萄糖、果糖为还原糖，具有较好的正相关性，Person相关系数>0.7，而蔗糖与正葡萄糖相关性较弱，与果糖却成弱的负相关性。

表6-7 烟叶中葡萄糖、果糖和蔗糖含量的相关性（Person相关系数）

成分	果糖	葡萄糖	蔗糖
果糖	1.00	0.82	（0.19）
葡萄糖	0.82	1.00	0.22
蔗糖	（0.19）	0.22	1.00

七、烟草重要香气成分

烟草香气成分含量在mg/kg水平，与香气风格特征密切相关，由于准确测试的难度较高，本研究采用两种测试方法（表6-8）进行相互印证。

表6-8 烟草重要香气成分及检测方法

香气成分前体物	降解产物（香气成分）	检测方法*
西柏烷类	茄酮 降茄二酮	1、2 2
八氢番茄红素	香叶基丙酮	1、2
β-胡萝卜素	二氢猕猴桃内酯 α-紫罗兰酮 氧化紫罗兰酮	1、2 1、2 2
叶黄素、新叶黄素	巨豆三烯酮 3-羟基-β-二氢大马酮 3-氧代-α-紫罗兰醇	1、2 1、2 1、2
叶绿素	新植二烯	2
美拉德反应产物	麦芽酚、泛酰内酯	1
其他	乙酰基吡咯	1

*1—检测方法1，烟叶半挥发香气成分指纹图谱（ATD-GC/MS法）；2—检测方法2，烟叶中性（pH）香气成分（LC-GC/MS法）。

1．西柏烷类降解产物

连续三年的八大香型风格区烟叶西柏烷类降解产物平均值规律见图6-11。结果表明，Ⅰ区、Ⅲ区、Ⅳ区和Ⅶ区的烟叶相对较高。茄酮能使烟气柔和细腻，西柏烷类化合物是烟叶表面化学成分，其含量高低与雨水有关。河南省、山东省烟叶成熟后期雨水少，有利于烟叶表面化学成分积累，因此表

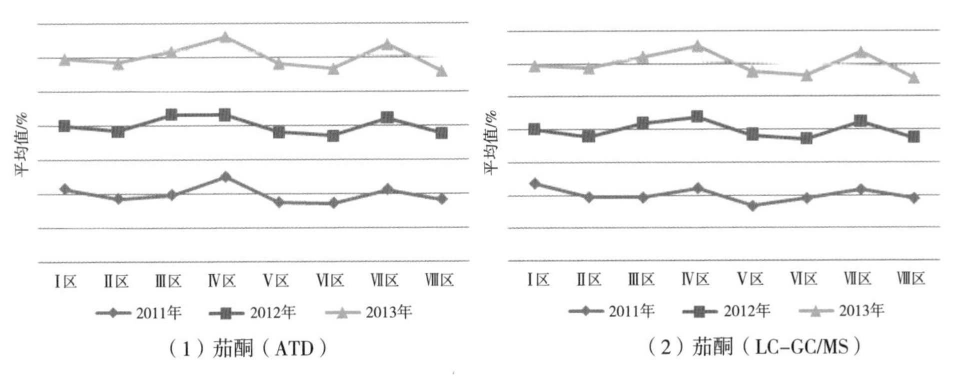

图6-11　八大香型风格区烟叶西柏烷类降解产物2011—2013年均值规律示意图

现出茄酮含量较高。

2. 八氢番茄红素和β-胡萝卜素

连续三年的八大香型风格区烟叶八氢番茄红素和β-胡萝卜素降解产物平均值规律见图6-12。结果表明，Ⅳ区、Ⅶ区烟叶八氢番茄红素降解产物香叶基丙酮高于其他香型风格区；Ⅰ区、Ⅳ区、Ⅵ区烟叶β-胡萝卜素降解产物二氢猕猴桃内酯、β-紫罗兰酮及其氧化物略高于其他香型风格区。

3. 叶黄素、新叶黄素降解产物

连续三年的八大香型风格区烟叶叶黄素、新叶黄素降解产物平均值规律见图6-13。结果表明：

Ⅰ区，巨豆三烯酮、3-氧代-α-紫罗兰醇、3-羟基-β-大马酮含量均略低；

Ⅱ区，与Ⅰ区较为相似，含量均较低；

Ⅲ区，巨豆三烯酮、3-氧代-α-紫罗兰醇、3-羟基-β-大马酮含量均居中；

Ⅳ区，巨豆三烯酮、3-氧代-α-紫罗兰醇、3-羟基-β-大马酮含量均较高，3-氧代-α-紫罗兰醇、3-羟基-β-大马酮更为显著；

Ⅴ区，巨豆三烯酮、3-氧代-α-紫罗兰醇、3-羟基-β-大马酮含量均较高，以巨豆三烯酮、3-羟基-β-大马酮更为显著；

Ⅵ区，巨豆三烯酮、3-氧代-α-紫罗兰醇、3-羟基-β-大马酮含量均较高，以巨豆三烯酮、3-氧代-α-紫罗兰醇更为显著；

Ⅶ区，巨豆三烯酮、3-氧代-α-紫罗兰醇含量居中、3-羟基-β-大马酮含量较高；

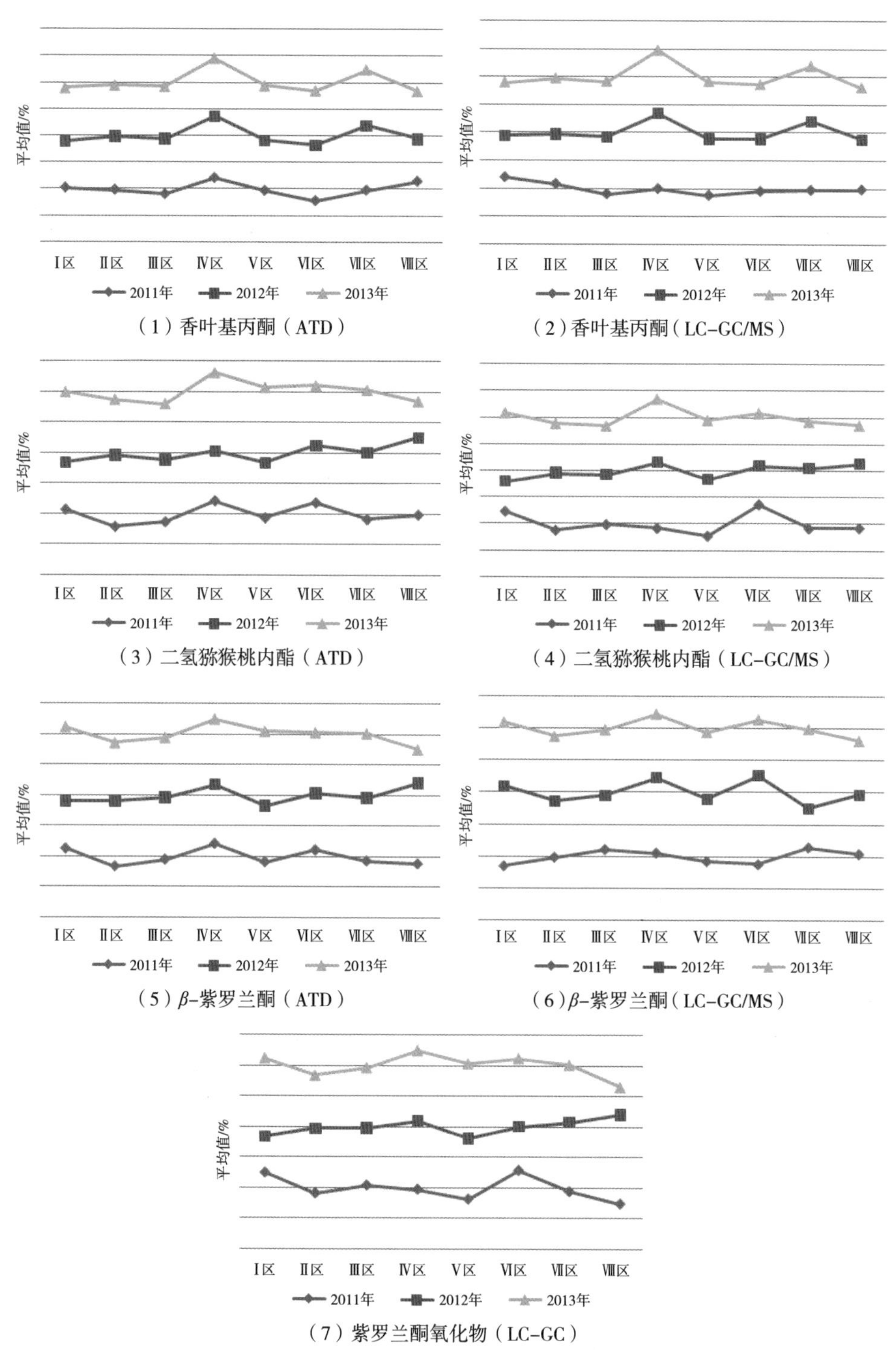

（1）香叶基丙酮（ATD）

（2）香叶基丙酮（LC-GC/MS）

（3）二氢猕猴桃内酯（ATD）

（4）二氢猕猴桃内酯（LC-GC/MS）

（5）β-紫罗兰酮（ATD）

（6）β-紫罗兰酮（LC-GC/MS）

（7）紫罗兰酮氧化物（LC-GC）

图6-12　八大香型风格区烟叶八氢番茄红素和β-胡萝卜素降解产物2011—2013年均值规律示意图

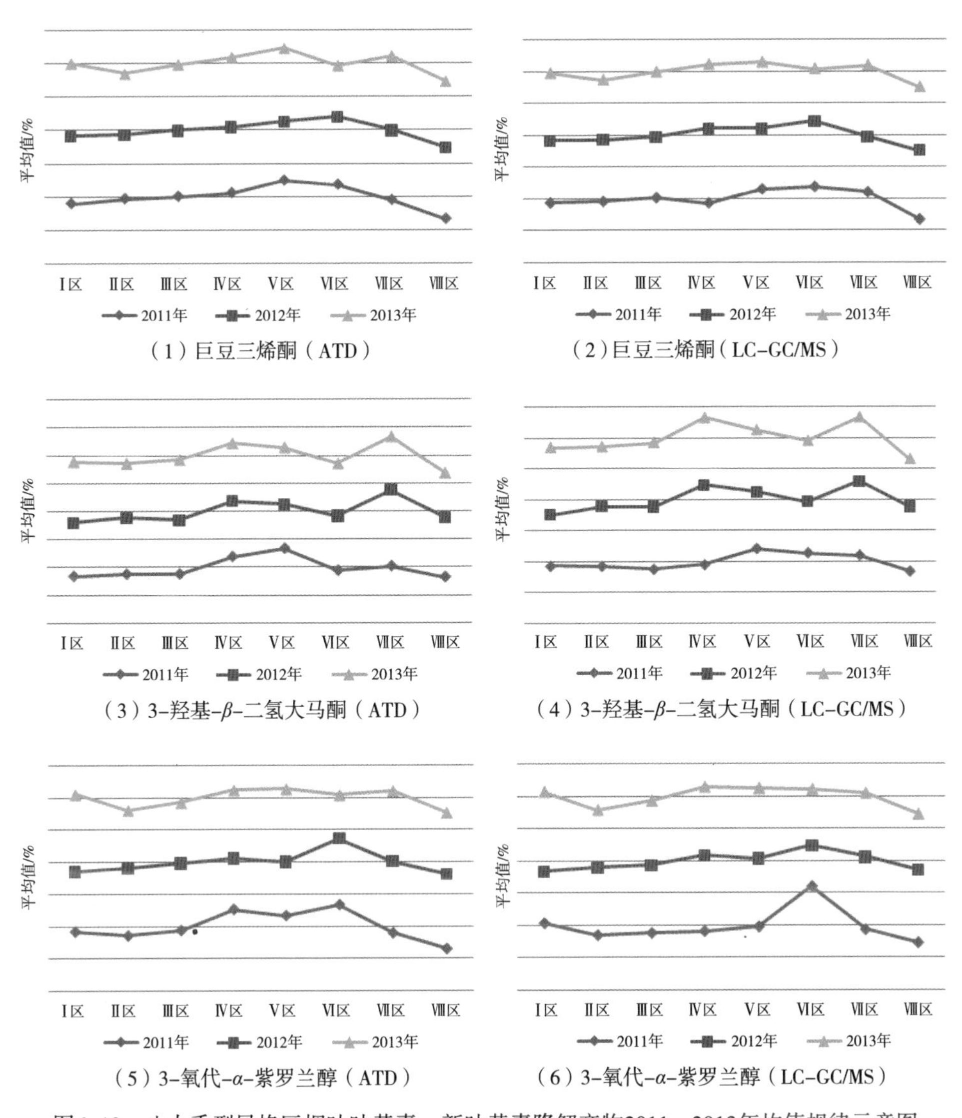

（1）巨豆三烯酮（ATD）

（2）巨豆三烯酮（LC-GC/MS）

（3）3-羟基-β-二氢大马酮（ATD）

（4）3-羟基-β-二氢大马酮（LC-GC/MS）

（5）3-氧代-α-紫罗兰醇（ATD）

（6）3-氧代-α-紫罗兰醇（LC-GC/MS）

图6-13　八大香型风格区烟叶叶黄素、新叶黄素降解产物2011—2013年均值规律示意图

Ⅷ区，巨豆三烯酮、3-氧代-α-紫罗兰醇、3-羟基-β-大马酮含量均低于其他香型风格区。

4. 焦香、焦甜香香气成分

连续三年的八大香型风格区烟叶焦香、焦甜香香气成分平均值规律见图6-14。结果表明，Ⅴ区、Ⅵ区烟叶焦香、焦甜香香气成分高于其他香型风格区。

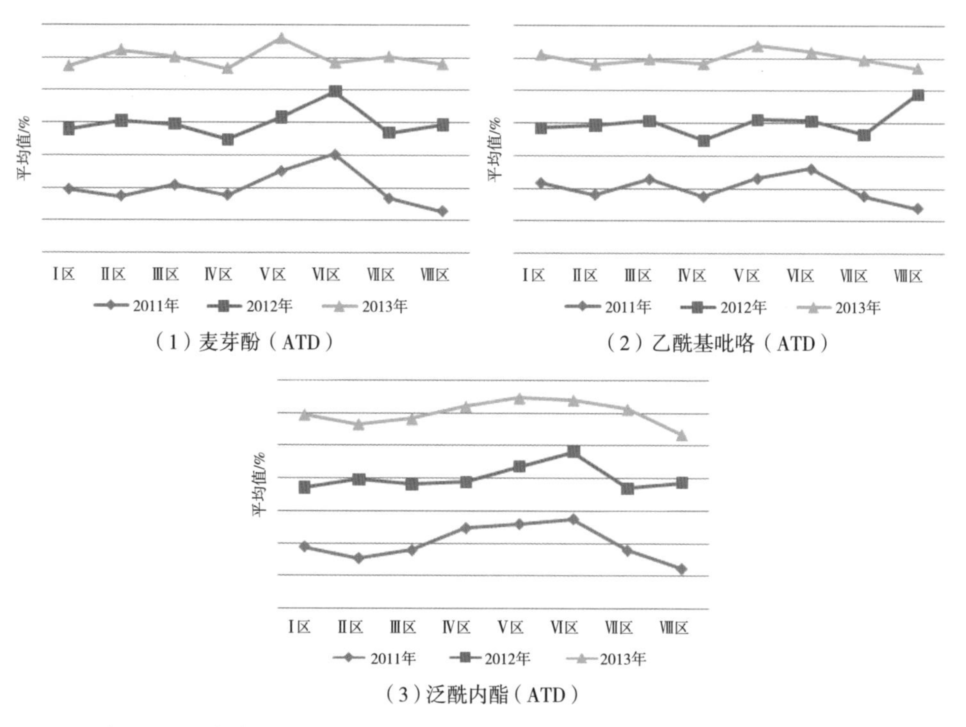

（1）麦芽酚（ATD）

（2）乙酰基吡咯（ATD）

（3）泛酰内酯（ATD）

图6-14　八大香型风格区烟叶焦香、焦甜香香气成分2011—2013年均值规律图

第三节　八大香型烤烟烟叶化学特征

Ⅰ区：糖类含量较高，总糖（26%～37%），还原糖（22%～32%），Amadori化合物含量较高；总氮（1.4%～2.1%）、总植物碱（1.6%～2.9%）、氨基酸含量较高；氯含量中等，0.0%～1.0%；钾含量略低，1.2%～2.1%；多酚物质中，莨菪亭含量中等，芸香苷含量较高；香气物质总体含量中等，巨豆三烯酮及其前体物含量略低。巨豆三烯酮甘草香突出，提升烟气浓度的效果明显，其比例偏低有可能突出清甜香韵，糖、芸香苷也可能有助于增加清甜香韵。

Ⅱ区：糖类含量较高，总糖（31%～36%），还原糖（22%～30%），Amadori化合物含量中等；总氮（1.2%～1.7%）、总植物碱（1.6%～2.6%）、氨基酸含量略低；氯含量略低，0.1%～0.3%；钾含量中等，1.5～2.4%；多酚物质中，莨菪亭含量略低，芸香苷含量中等；香气物质含量总体略低。较高的糖和较为均衡的物质组成可能是蜜甜香韵突出的主要因素。

Ⅲ区：糖类含量中等，总糖（26%~34%），还原糖（20%~28%），Amadori化合物含量中等；总氮（1.4%~1.9%）、总植物碱（1.9%~2.8%）、氨基酸含量中等；氯含量略低，0.1%~0.2%；钾含量中等，1.5%~2.7%；多酚物质，莨菪亭含量略低，芸香苷含量中等；香气物质总体含量中等。较为均衡的各类物质组成赋予Ⅲ区醇甜香突出的特征。

Ⅳ区：糖类物质含量低，总糖（19%~26%），还原糖（16%~23%），Amadori化合物含量略低；总氮（1.6%~2.1%）、总植物碱（2.2%~3.0%）、氨基酸含量较高；氯含量高，0.3%~1.4%；钾含量略低，1.1%~1.6%；多酚物质，莨菪亭含量较高，芸香苷含量略低；香气物质总体含量较高，如茄酮、β-紫罗兰酮及氧化物和二氢猕猴桃内酯等，香叶基丙酮香气特征较为显著。茄酮、β-紫罗兰酮及其氧化物和二氢猕猴桃内酯等香气成分都具有一定甜润的香气特征，且糖含量低，可能使Ⅳ区烟叶表现出焦甜香突出，焦香、焦甜香协调的特征。

Ⅴ区：糖类物质含量略低，总糖（24%~32%），还原糖（21%~28%），Amadori化合物含量略低；总氮（1.4%~1.7%）、总植物碱（1.6%~2.7%）、氨基酸含量略低；氯含量略低，0.1%~0.4%；钾含量较高，2.0%~2.7%；多酚物质中，莨菪亭含量较高，芸香苷含量略低；香气物质含量较高，如巨豆三烯酮及其前体物、麦芽酚、乙酰基吡咯和泛酰内酯等，茄酮含量略低。较丰富的巨豆三烯酮及其前体物含量及焦甜香成分可能是赋予焦甜香突出特征的主要因素。

Ⅵ区：糖类物质含量中等，总糖（28%~34%），还原糖（25%~29%），Amadori化合物含量略低；总氮（1.4%~2.0%）、总植物碱（2.0%~ 2.8%）、氨基酸含量低；氯含量略低，0.1%~0.3%；钾含量高：2.5%~3.1%；多酚物质中，莨菪亭含量较高，芸香苷含量中等；香气物质，除茄酮含量略低外，整体含量均较高，如巨豆三烯酮及其前体物、乙酰基吡咯、泛酰内酯、β-紫罗兰酮及氧化物和二氢猕猴桃内酯等。Ⅵ区与Ⅴ区化学特征较为类似，两区不同的香韵特征表现可能是由于Ⅵ区烟草含糖、多酚、香气成分略高，表现出香韵种类丰富，中等糖含量与较高的β-紫罗兰酮及其氧化物和二氢猕猴桃内酯配合，可能使焦甜香特征减弱，清甜香特征突出。

Ⅶ区：糖类物质含量略低，总糖（23%~32%），还原糖（21%~29%），

Amadori化合物含量略低；总氮（1.5%～2.1%）、总植物碱（2.1%～3.0%）、氨基酸含量中等；氯含量中等，0.1%～0.7%；钾含量略低，1.2%～2.4%；多酚物质中，莨菪亭含量较高，芸香苷含量低；香气物质整体含量中等，茄酮、香叶基丙酮含量较高。Ⅶ区与Ⅳ区化学成分特征较为类似，两区不同的香韵特征表现可能是由于Ⅶ区β–紫罗兰酮及其氧化物和二氢猕猴桃内酯等甜润的香气特征略低，使焦香香韵突出。

Ⅷ区：糖类物质含量高，总糖（36%～39%），还原糖（28%～32%），Amadori化合物含量高；总氮（1.2%～1.7%）、总植物碱（1.0%～1.6%）、氨基酸含量略低；氯含量较高：0.2%～1.1%；钾含量低：1.1%～1.4%；多酚物质中，莨菪亭含量略低，芸香苷含量中等；香气物质整体含量略低，巨豆三烯酮及其前体物含量显著较低。香气物质整体含量略低，表现为木香突出。

第七章 八大香型烤烟烟叶的代谢物差异与代谢特征

细胞代谢物（Metabolite）具有多种功能，包括可用于结构支撑、活性催化等。代谢物是通过代谢过程产生或消耗的物质，如在酶作用下生成或转变的小分子化合物、生物大分子的前体及降解产物等，但一般不包括生物大分子。代谢物可以分为初生代谢物和次生代谢物两类，初生代谢与植物的生长发育直接相关，起始于光合作用通过卡尔文循环将二氧化碳和水合成为糖类，除形成淀粉和蔗糖储存外，还可通过呼吸作用经糖酵解、三羧酸循环和戊糖磷酸途径等为生命活动提供能量和中间代谢产物。糖类、脂类、核酸和蛋白质等都是初生代谢产物，糖和脂类是相互转变的，甘油可逆转为己糖，而脂肪酸分解为乙酰辅酶A后可再转变为糖；氨基酸的碳骨架——α-酮酸主要来源于糖代谢的中间产物，糖与蛋白质之间可以互相转变，丙酮酸、乙酰辅酶A、α-酮戊二酸和草酰乙酸等中间产物在它们之间的转变过程中起着枢纽作用。在特定的条件下，一些重要的初生代谢产物，如乙酰辅酶A、丙二酰辅酶A、莽草酸及一些氨基酸等作为原料或前体（底物），又进一步进行不同的次生代谢过程，产生酚类化合物（如黄酮类化合物）、异戊二烯类化合物（如萜类化合物）和含氮化合物（如生物碱）等次生代谢产物。

烤烟的品质取决于鲜烟叶采收时的物质积累及烘烤调制技术，而烘烤调制特性又与鲜烟叶中的物质积累紧密相关。烟叶成熟采收时的含水量一般在75%～85%，淀粉含量一般在3.7%～16%，蛋白质含量一般在1.2%～3.5%，小分子代谢产物在1.5%～6%。代谢组学技术的发展，为全面、系统地考察烟叶中的小分子代谢物质提供了可能和便利。烟草代谢组学研究表明，鲜烟叶中含有大量的初生代谢物，如糖、脂质、氨基酸、有机酸、核酸等，以及次生代谢产物，如生物碱、多酚、萜类等。这些代谢物质的组成与烤后烟叶的香味风格、化学成分等都具有明显的一致性与相关性，因此对不同香型风格区鲜烟叶中代谢物积累特征的了解有助于全面、系统地了解烤烟香味风格与品质的形成机理。

第一节　八大香型风格区烤烟烟叶代谢物差异

一、淀粉、糖等碳水化合物在各风格区的代谢特点

淀粉和糖等碳水化合物是烤烟的香气前体物，烤烟中水溶性糖的含量多，烟叶燃吸时其所产生的酸性物质能够抑制烟气中所含的碱性物质，可以使烟气中的酸碱保持平衡，减少刺激性，提高烤烟的吃味品质；糖类作为香味成分的重要气体物质，其热裂解后产生的化合物可与氨基酸通过褐变反应生成多种香味成分，如吡啶、吡咯吡嗪及其烷基衍生物等，产生的香气还可以掩盖烟气中的杂气。烤烟中的糖多来自烘烤调制过程中烟叶中淀粉的降解，因此鲜烟叶中淀粉的积累量与烤后烟叶的糖含量紧密相关。

成熟采收期鲜烟叶中的淀粉含量较高，我国不同产地、不同品种中部叶成熟采收时的淀粉含量多居于干物质质量的20%～50%，以30%～40%居多，如图7–1所示。鲜烟叶中的总糖含量多在1%～4%，还原糖含量多小于2%。

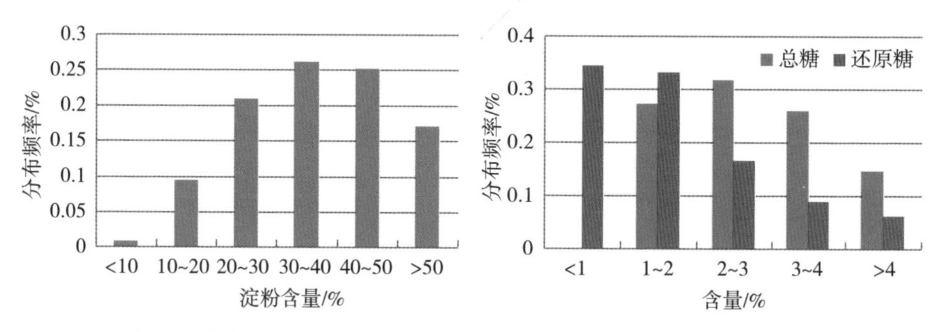

图7–1　中部叶成熟采收时鲜烟叶中淀粉和总糖、还原糖的含量分布图

注：各含量区间内包含下边界值不包含上边界值。

鲜烟叶中的小分子糖类代谢物中，主要以葡萄糖、果糖、蔗糖和肌醇为主，如图7–2所示，这四种糖类物质总量可以占到鲜烟叶中总糖含量的60%～90%。其他如塔格糖、半乳糖、纤维二糖等也是含量较高的糖类物质，均可以达到总糖含量的1%以上。

从淀粉、葡萄糖、果糖、蔗糖、肌醇、塔格糖、半乳糖、纤维二糖等在各风格区鲜烟叶成熟采收时的含量对比可以看出（图7–3）：①淀粉含量在Ⅷ区含量较高，其次是Ⅵ区、Ⅲ区和Ⅰ区，Ⅳ区最低，而烤后烟叶中Ⅷ区的糖含量

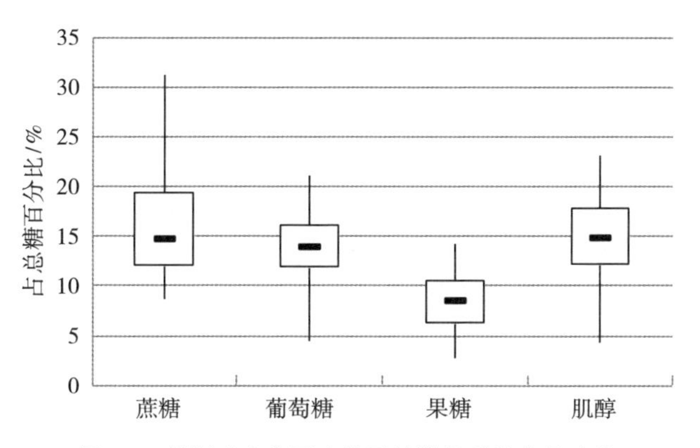

图7-2　鲜烟叶中主要小分子糖类物质的含量比较

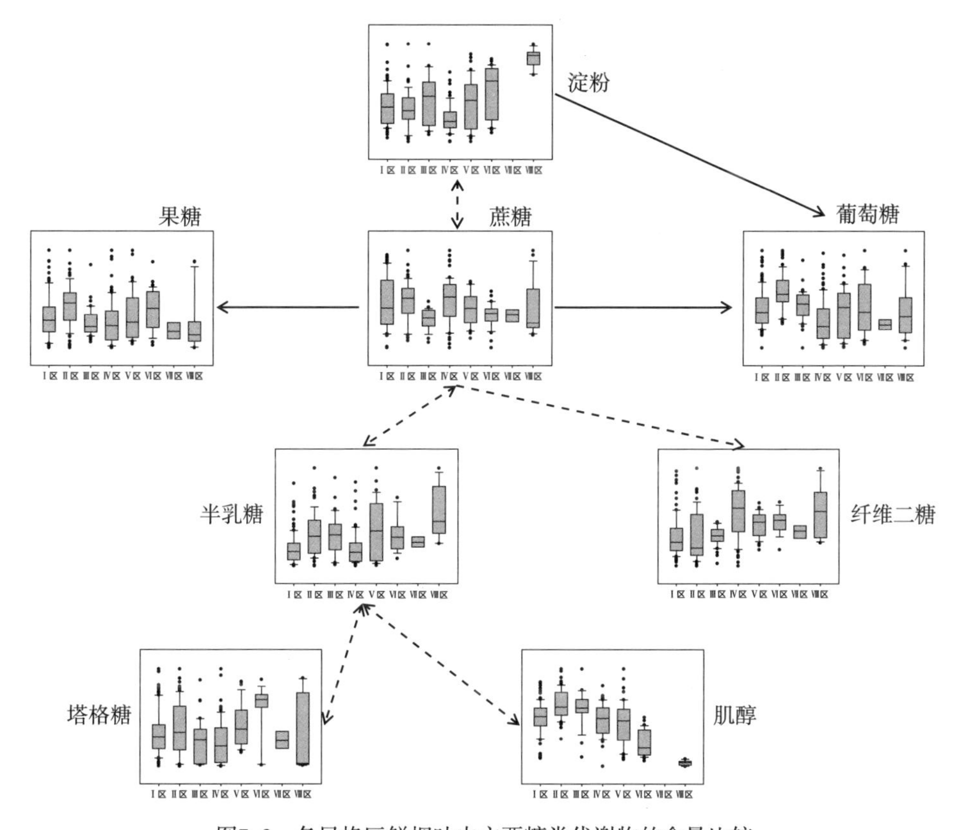

图7-3　各风格区鲜烟叶中主要糖类代谢物的含量比较

注：Ⅰ～Ⅷ区依次为清甜香型、蜜甜香型、醇甜香型、焦甜焦香型、焦甜醇甜香型、清甜蜜甜香型、蜜甜焦香型、木甜香型产区。

较高，Ⅳ区较低，与鲜烟叶中的淀粉含量具有一致性。②Ⅱ区鲜烟叶中的葡萄糖、蔗糖、果糖、肌醇的含量都较高。③纤维二糖在Ⅰ、Ⅱ、Ⅲ区含量较低，Ⅳ区～Ⅷ区含量较高。④半乳糖在Ⅷ区含量较高，肌醇在Ⅷ区含量较低。

二、游离氨基酸在各风格区的代谢特点

烤烟中的氨基酸是香气前体物，在赋予烤烟色香味方面具有双重作用。一方面，氨基酸在有氧条件下燃烧会产生氨，影响烟气质量；另一方面，烤烟在调制和醇化过程中，氨基酸和糖类会发生非酶褐变反应，主要是美拉德反应，形成大量具有烟草特征香味的挥发性化合物和大分子棕色化合物，如羰基化合物、呋喃化合物以及吡嗪类和吡咯衍生物等。它们不但赋予烟气烘焙香、坚果香和甜焦糖味，还使烟量感增加，尤其是呋喃类成分，对烟气的香味有重要作用，某些氨基酸还是烟碱合成的前体物质。

成熟采收时鲜烟叶中的游离氨基酸含量较高的（大于所检测游离氨基酸总量的1%）主要有谷氨酸（Glu）、谷氨酰胺（Gln）、脯氨酸（Pro）、色氨酸（Trp）、丝氨酸（Ser）、苏氨酸（Thr）、天冬氨酸（Asp）、天冬酰胺（Asn）、乙醇胺（Eth）、γ–氨基丁酸（GABA）、苯丙氨酸（Phe）、丙氨酸（Ala）等，这些氨基酸的总量可以占总游离氨基酸的90%以上，其中谷氨酸、谷氨酰胺、天冬氨酸、脯氨酸、GABA等的含量多大于游离氨基酸总量的10%以上，总和可以占到总游离氨基酸的70%～80%。上述游离氨基酸在鲜烟叶中的含量范围如图7–4所示，一般谷氨酸含量最大，可以达到鲜烟叶干物质重的1mg/g，但脯

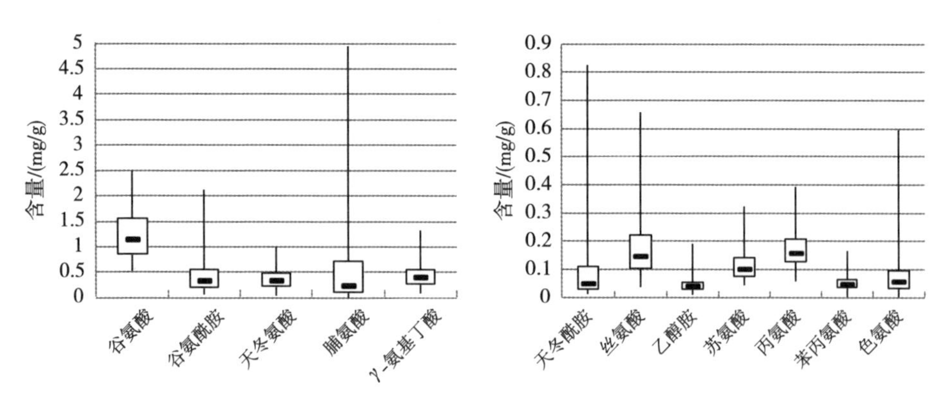

图7–4　鲜烟叶中几种主要氨基酸的含量分析

氨酸是一种重要的渗透调节剂，对胁迫反应灵敏，因此其含量范围跨度较大，最高可接近5mg/g，类似的天冬酰胺可能也是胁迫响应物质，其含量变化的跨度较大。

从这些氨基酸在不同区划鲜烟叶中的含量对比来看（图7-5）：丝氨酸代谢支路中的乙醇胺、苏氨酸在Ⅱ区的含量较高，Ⅷ区和Ⅲ区的含量较低；而苏氨酸在Ⅵ区和Ⅴ区的含量较高，Ⅲ区的含量较低；莽草酸代谢支路的色氨酸在Ⅱ区的含量较高，Ⅲ区、Ⅷ区的含量较低，而同样来自莽草酸代谢的苯丙氨酸则是在Ⅵ区和Ⅳ区较高，Ⅷ区同样较低；谷氨酸代谢支路中的谷氨酸含量在Ⅵ区含量较高、Ⅲ区较低，GABA在Ⅱ区含量较高、Ⅰ区较低，脯氨酸在Ⅰ区和Ⅳ区尤其是Ⅰ区的鲜烟叶中含量变化较大，谷氨酰胺与脯氨酸的含量对比相似；丙氨酸代谢支路中天冬酰胺在Ⅰ区和Ⅳ区的跨度较大，与脯氨酸、谷氨酰胺的含量对比相似，丙氨酸在Ⅱ、Ⅲ、Ⅳ区的含量较高，而天冬氨酸则正好相

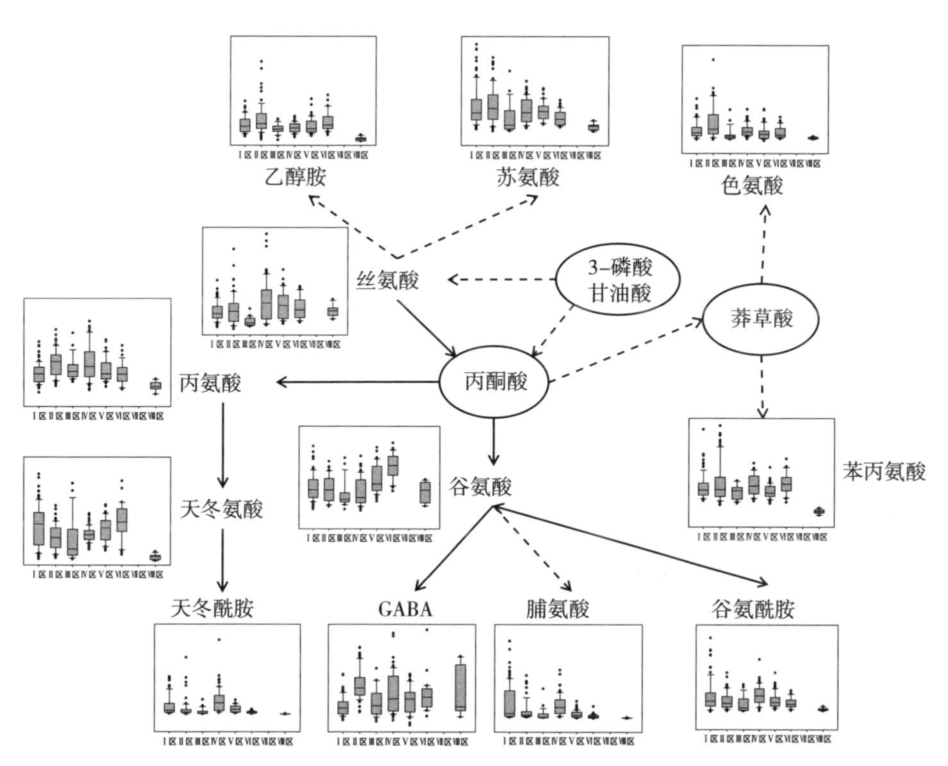

图7-5 成熟采收时鲜烟叶中主要游离氨基酸含量在不同风格区之间的对比

注：Ⅰ～Ⅷ区依次为清甜香型、蜜甜香型、醇甜香型、焦甜焦香型、焦甜醇甜香型、清甜蜜甜香型、蜜甜焦香型、木甜香型产区。

反，与丙氨酸含量表现出负相关的关系，天冬氨酸和丙氨酸在Ⅷ区的含量都较低。

三、有机酸及高级脂肪酸在各风格区的代谢特点

有机酸不仅在烟草生长过程中起着重要作用，对烟草和卷烟的质量也有重要的影响。烟草中的有机酸种类繁多，鲜烟叶中含量较高的有机酸依次为苹果酸、柠檬酸、甲酸、乳酸，三羧酸循环中的另一关键有机酸丁二酸的含量则较低；含量较高的高级脂肪酸依次为亚油酸、亚麻酸、软脂酸、硬脂酸、油酸、肉豆蔻酸、十七烷酸。上述有机酸在成熟采收时鲜烟叶中的含量如图7-6所示，亚油酸的含量最高，一般在鲜叶干物质中为27mg/g左右。

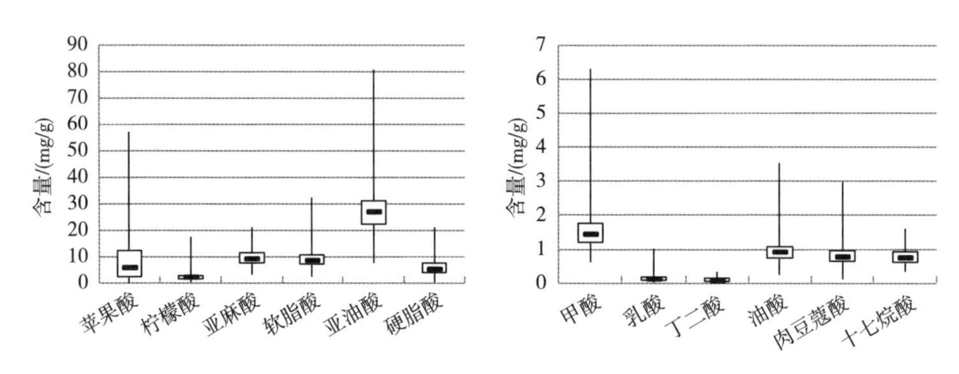

图7-6　鲜烟叶中主要有机酸及高级脂肪酸含量

不同区划成熟采收时鲜烟叶中几种主要有机酸的含量对比如图7-7所示：乳酸在Ⅷ区鲜烟叶中的含量较高，在其他各区差异不明显；三羧酸循环中柠檬酸、丁二酸、苹果酸等在Ⅰ区和Ⅳ区鲜烟叶中的含量相对较低，柠檬酸在Ⅲ区、Ⅴ区相对较高，丁二酸与苹果酸在Ⅱ区、Ⅲ区、Ⅴ区、Ⅷ区的含量相对较高；高级脂肪酸代谢中，肉豆蔻酸在Ⅷ区的含量较高，Ⅲ区和Ⅵ区的含量较低，软脂酸、十七烷酸、硬脂酸等饱和脂肪酸在各区的差异不明显，油酸、亚油酸、亚麻酸等不饱和脂肪酸在Ⅳ区的含量相对较低，亚麻酸在Ⅰ区的含量相对较高。

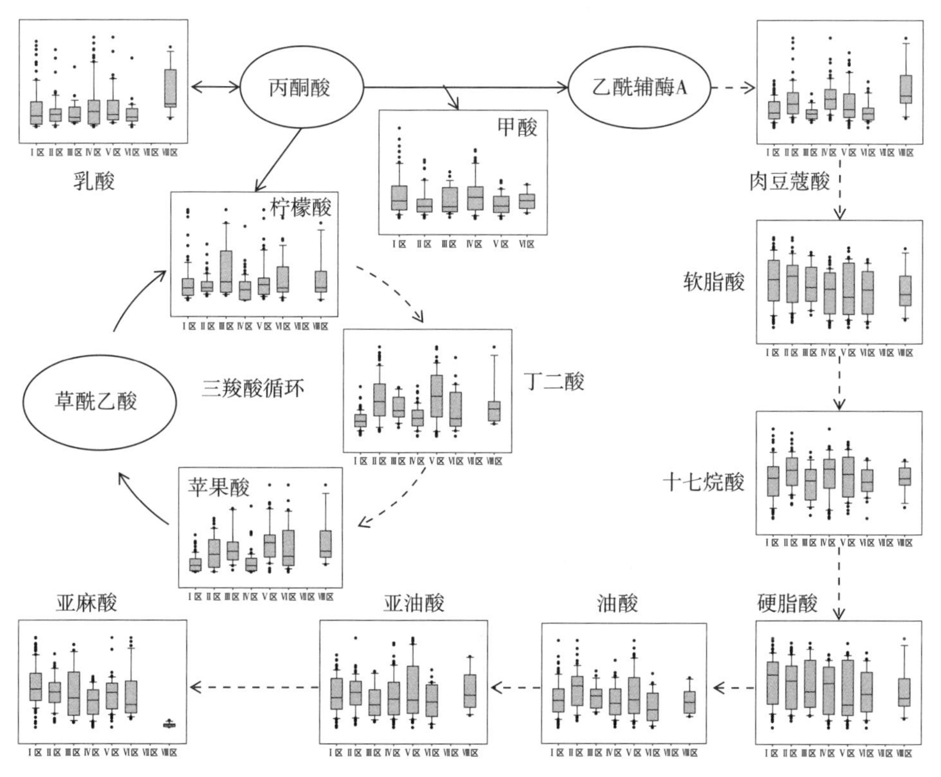

图7-7 不同风格区成熟采收时鲜烟叶中主要有机酸和脂肪酸含量对比

注：Ⅰ～Ⅷ区依次为清甜香型、蜜甜香型、醇甜香型、焦甜焦香型、焦甜醇甜香型、清甜蜜甜香型、蜜甜焦香型、木甜香型产区。

四、脂质在各风格区的代谢特点

由脂肪酸和醇（主要是甘油等）作用生成的酯及其衍生物统称脂类，烟草中的脂类丰富，包括蔗糖酯、甾醇脂、甾醇糖脂、鞘脂、鞘糖脂、甘油三脂（TG）、甘油二脂（DG）、磷脂酰甘油（PG）、磷脂酰胆碱（PC）、磷脂酰乙醇胺（PE）、磷脂酰肌醇（PI）、双半乳糖甘油二脂（DGDG）、硫代半乳糖甘油二脂（SQDG）、单半乳糖甘油二脂（MGDG）等，从历年全国各地鲜烟叶的脂质组分析结果来看，TG、叶绿体膜脂成分（DGDG、SQDG、MGDG等）、PC等的含量较高，占所检测脂质成分的70%～90%，叶绿体膜脂成分中又以MGDG的含量较高；50%以上脂质成分的脂肪酸侧链带有软脂酸、亚麻酸、亚油酸或硬酯酸等，与这些脂肪酸在鲜烟叶中的高含量是一致的。

鲜烟叶脂质成分在各区的含量对比见图7-8：鞘糖脂含量在各区的差异不明显；甾醇脂和甾醇糖脂在Ⅰ区、Ⅵ区、Ⅷ区的含量相对较低，在Ⅳ区、Ⅴ区的含量相对较高，与豆甾醇的含量较为一致，两种脂类中的甾醇也多以豆甾醇为主；蔗糖酯在Ⅳ区的含量相对较高；DG在Ⅴ区的含量较低，其次是Ⅱ区、Ⅲ区，在Ⅰ区、Ⅳ区、Ⅷ区的含量较高；PE在Ⅳ区、Ⅴ区的含量较高，在Ⅵ区、Ⅷ区的含量较低；PC在Ⅳ区、Ⅴ区的含量较高，在Ⅰ区的含量较低；TG在Ⅰ区、Ⅵ区的含量相对稍高，在Ⅳ区较低；叶绿体膜脂成分的规律较为一致，DGDG、SQDG、MGDG都是在Ⅰ区的含量较高、Ⅷ区较低，Ⅲ区的叶绿体膜脂成分相对较低。

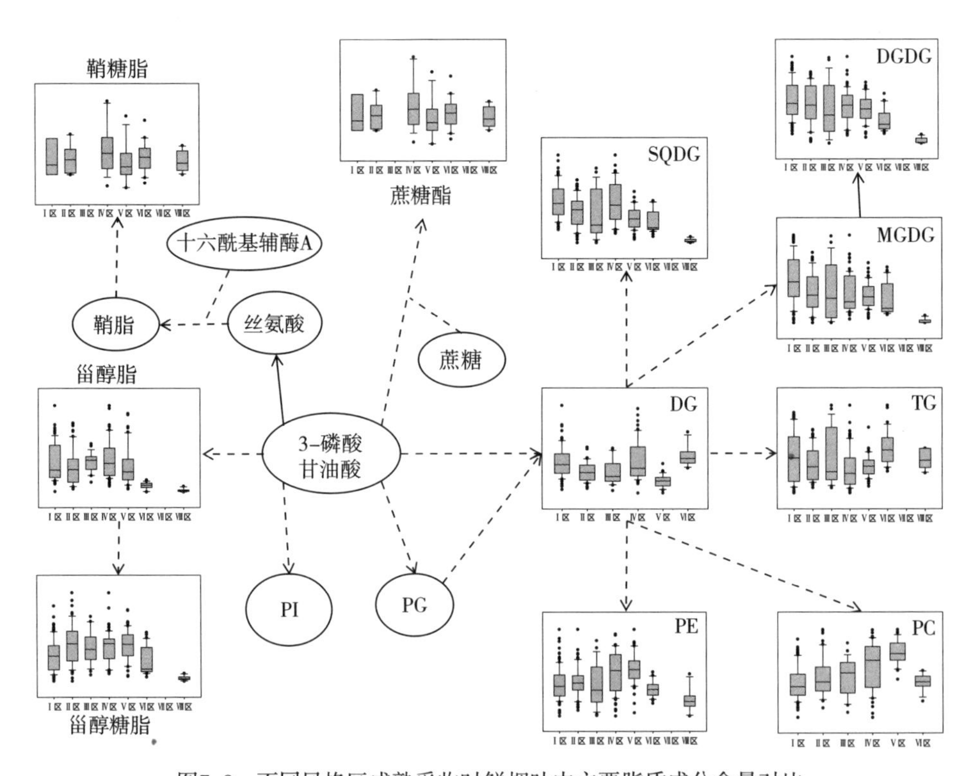

图7-8　不同风格区成熟采收时鲜烟叶中主要脂质成分含量对比

注：Ⅰ～Ⅷ区依次为清甜香型、蜜甜香型、醇甜香型、焦甜焦香型、焦甜醇甜香型、清甜蜜甜香型、蜜甜焦香型、木甜香型产区。

五、植物色素在各风格区的代谢特点

烤烟中的质体色素是烟叶中的重要香气前体物，如类胡萝卜素的许多降解产物是烟草中重要的致香成分，对烟叶香气有重要作用。烟叶中的光合色素（叶绿素a和叶绿素b）不但影响烤烟的光合作用和生理特征，而且与烟叶的外观质量和香味也有密切关系。研究表明，烟叶中叶绿素含量与化学成分中的总糖、钙、镁含量及全氮和烟碱的比值存在正相关趋势。调制后烟叶叶绿素含量过高对于烟叶的香气、吃味、杂味及刺激性均不利。

新鲜烟叶中的主要色素按照其含量顺序从高到低依次为叶绿素a＞叶绿素b＞叶黄素＞β–胡萝卜素＞新黄质＞紫黄质，如图7–9所示，鲜烟叶中的色素主要以叶绿素为主，叶绿素含量（叶绿素a和叶绿素b之和）可以占这6种色素含量的55%～75%。

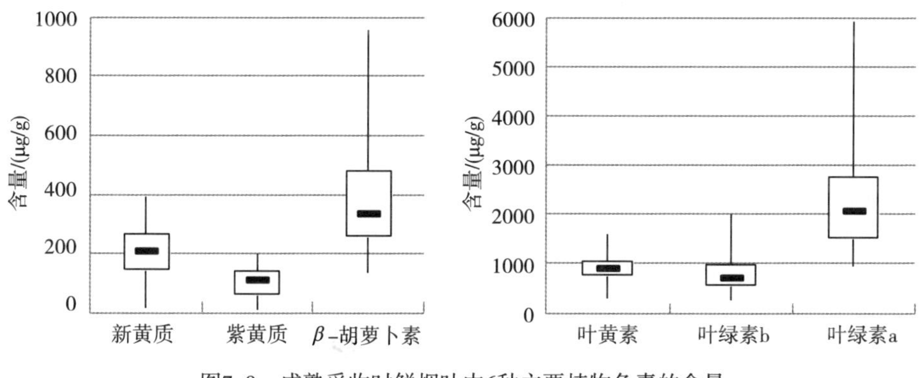

图7–9　成熟采收时鲜烟叶中6种主要植物色素的含量

上述6种植物色素的代谢通路及在各风格区鲜烟叶中的含量对比如图7–10所示：番茄红素代谢支路合成的β–胡萝卜素、叶黄素、紫黄质、新黄质这些四萜类色素在Ⅷ区鲜叶中的含量都较低，紫黄质、叶黄素、新黄质等在Ⅲ区、Ⅳ区的含量较低，紫黄质在Ⅰ区、Ⅵ区明显较高，除Ⅷ区外，β–胡萝卜素在各区的差异不明显，在Ⅲ区稍低；叶绿素a和叶绿素b在Ⅷ区鲜叶中的含量相对较低，在其他各区的含量差异不明显。

六、生物碱在各风格区的代谢特点

烟草生物碱按照其分子结构划分主要有两类：一类是吡啶与氢化吡咯相结

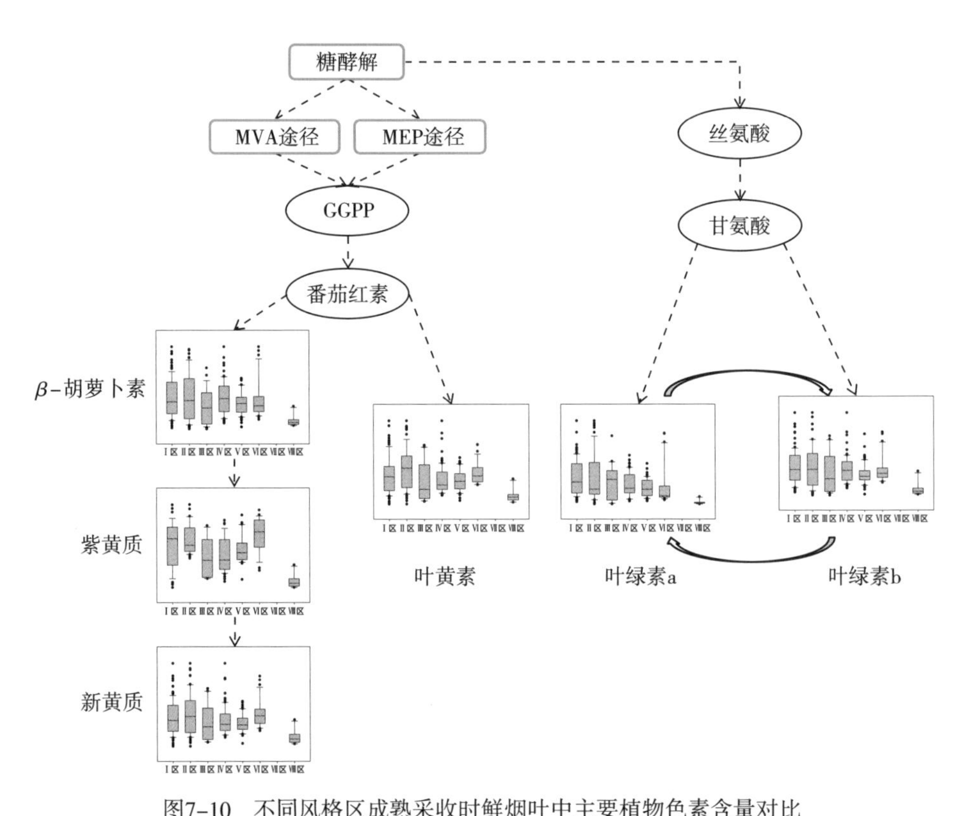

图7-10　不同风格区成熟采收时鲜烟叶中主要植物色素含量对比

注：Ⅰ～Ⅷ区依次为清甜香型、蜜甜香型、醇甜香型、焦甜焦香型、焦甜醇甜香型、清甜蜜甜香型、蜜甜焦香型、木甜香型产区；μVA途径—甲羟戊酸途径；MEP途径—甲基赤藓醇-4-磷酸途径；GGPP—牻牛儿基牻牛儿基焦磷酸。

合的化合物，如烟碱、降烟碱、麦斯明等；另一类是吡啶环与吡啶或氢化吡啶环相结合的化合物，如假木贼碱、*N*-甲基假木贼碱、新烟草碱等。烤烟成熟采收时鲜烟叶中的生物碱与烤后烟叶中的生物碱含量相当，尼古丁是烟草主要的生物碱，占鲜烟叶中所检测生物碱总量的80%～90%，除尼古丁外，微量生物碱中的降烟碱、假木贼碱、新烟草碱和麦斯明等也是烟草中较为重要的生物碱，这些生物碱在鲜烟叶中的含量如图7-11所示。

上述几种生物碱的合成代谢通路及其在不同区划鲜烟叶之间的含量对比如图7-12所示：尼古丁和降烟碱等在Ⅰ区、Ⅷ区的含量较低，在Ⅳ区、Ⅴ区的含量较高；麦斯明在Ⅵ区的含量较高，在Ⅰ区的含量较低；新烟草碱在Ⅲ区、Ⅷ区的含量较低，在Ⅴ区的含量较高，在其他各区的差异不明显；假木贼碱在Ⅰ区、Ⅷ区的含量较低，在Ⅵ区鲜烟叶中的含量较高。

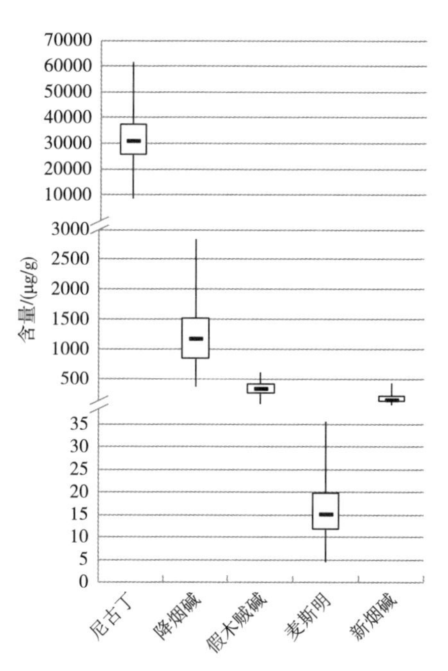

图7-11　成熟采收时鲜烟叶中生物碱的含量

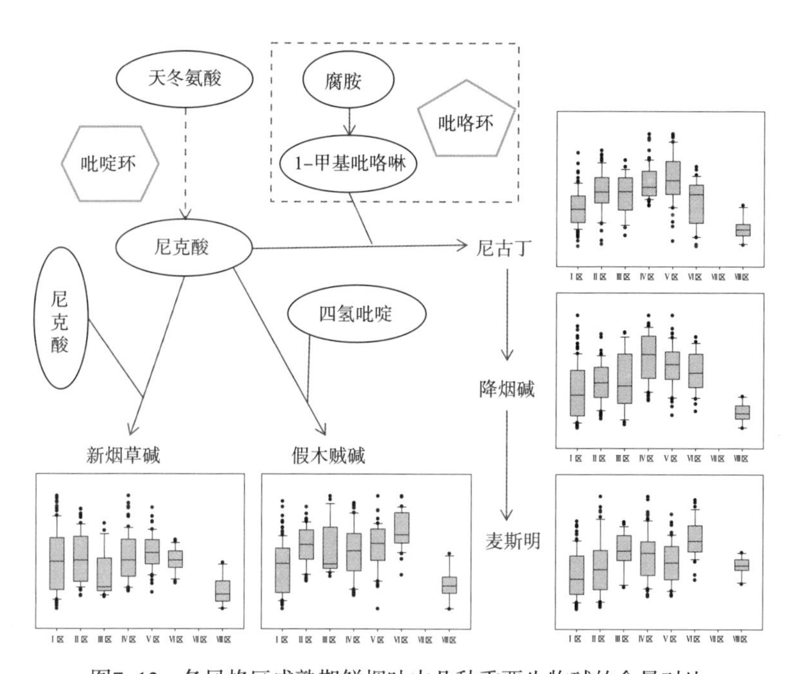

图7-12　各风格区成熟期鲜烟叶中几种重要生物碱的含量对比

注：Ⅰ～Ⅷ区依次为清甜香型、蜜甜香型、醇甜香型、焦甜焦香型、焦甜醇甜香型、清甜蜜甜香型、蜜甜焦香型、木甜香型产区。

七、多酚/类黄酮在各风格区的代谢特点

酚类化合物在植物中广泛存在，是植物应对环境胁迫的另一重要途径，主要来源于苯丙烷代谢途径。植物通过调控酚类化合物的含量与抑制氧自由基的产生，保护光系统及细胞膜完整性，同时通过改变木质素的含量和组成结构提高细胞壁强度，增强植物低温耐性。

多酚物质不但对烟草生长至关重要，还是烤烟中重要的香气前体物。烟草中的多酚类化合物不但本身具有令人愉快的香气，而且其降解物能赋予烟草优雅的香气，增加烟草制品的香气量，从而对改善烟草制品的品质有着重要的作用。烟叶中某些酚类物质的含量与烟叶品质及其芳香吸味呈正相关，一般等级高的烟叶中绿原酸和芸香苷的含量均较高。

鲜烟叶中的多酚/类黄酮类物质含量也十分丰富，如山柰酚、山柰酚苷、绿原酸、隐绿原酸、新绿原酸、香豆素、东莨菪亭、东莨菪苷、花青素鼠李糖苷、芸香苷、槲皮素、水仙苷、鼠李金等，但含量较高的主要是绿原酸和云香苷，可以占到所检测酚类物质的70%～80%。部分多酚/类黄酮物质在鲜烟叶中的含量如图7-13所示。

鲜烟叶中几种多酚物质在不同风格区之间的含量对比如图7-14所示：绿原酸，包括其异构体新绿原酸与隐绿原酸，在Ⅱ区、Ⅲ区烟叶中的含量较高，

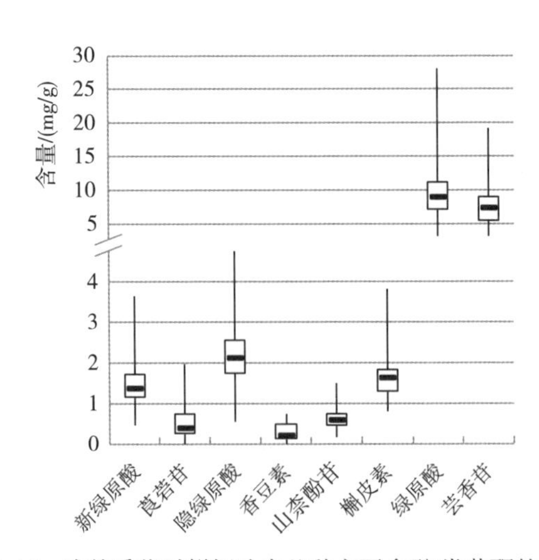

图7-13 成熟采收时鲜烟叶中几种主要多酚/类黄酮的含量

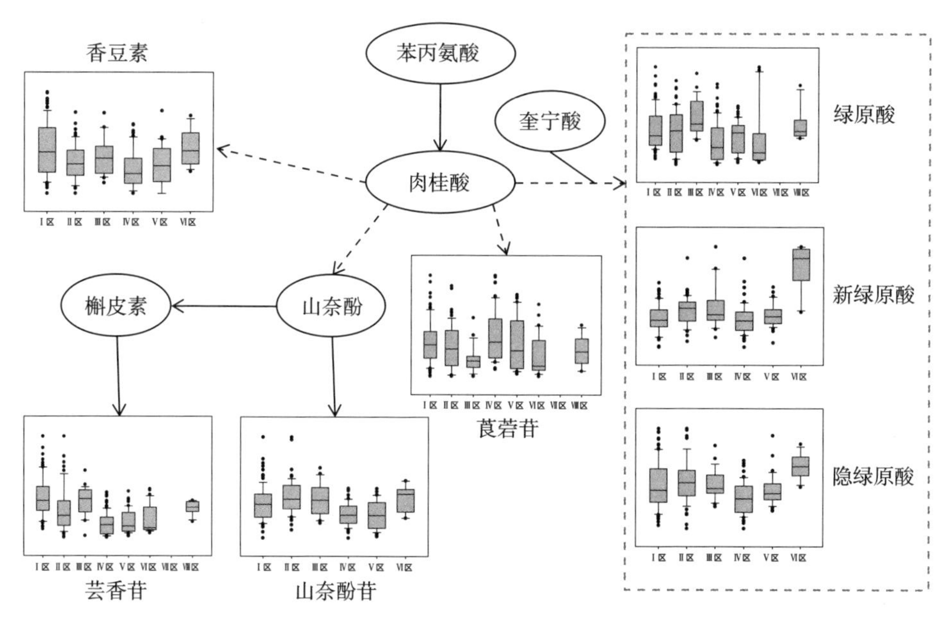

图7-14　各风格区成熟采收时鲜烟叶中几种主要多酚/类黄酮的含量对比

注：Ⅰ区～Ⅷ区依次为清甜香型、蜜甜香型、醇甜香型、焦甜焦香型、焦甜醇甜香型、清甜蜜甜香型、蜜甜焦香型、木甜香型产区。

在Ⅳ区的含量较低，隐绿原酸和新绿原酸在Ⅵ区的含量较高；香豆素在Ⅳ区的含量较低，在Ⅰ区和Ⅵ区的含量相对较高；芸香苷和山柰酚苷都是在Ⅳ区鲜叶中的含量较低，在Ⅰ区、Ⅲ区鲜叶中的芸香苷含量较高，山柰酚苷在Ⅱ区和Ⅲ区的含量较高；莨菪苷含量在Ⅲ区的含量较低、Ⅳ区含量相对较高。

八、萜类在各风格区的代谢特点

类胡萝卜素、赖百当类萜烯（主要是冷杉醇）、新植二烯、西柏烷类物质等萜类物质都是烟草的香气前体物，除了叶黄素、β-胡萝卜素、新黄质、紫黄质这些四萜类色素外，鲜烟叶中已检测到的萜类物质主要有西柏三烯二醇（Cembertriene）、类赖百当二醇（Labdenediol）、法尼醇（Farnesol）、顺冷杉醇（Cis-Abienol）、植醇（Phytol）、香紫苏醇（Sclareol）、角鲨烯（Squalene）、异山柑子萜醇（Isoarborinol）、白桦脂醇（Betulin）、白桦脂酸（Betulic Acid）、香树脂醇（Amyrin）、熊果酸（Ursolic Acid）、鹅去氧胆酸（Chenodeoxycholic Acid）、胆固醇（Cholesterol）、菜油甾醇（Campesterol）、豆甾醇（Stigmasterol）、谷甾醇

（β-Sitosterol）、双氢速甾醇（Dihydrotachysterol）、菜籽甾醇（Brassicasterol）、麦角固醇（Ergosterol）、羊毛甾醇（Lanosterol）等，其中在鲜烟叶中含量较高的是西柏三烯二醇、顺冷杉醇、豆甾醇、谷甾醇、β-植醇、香紫苏醇等，可以占所检测萜类物质总量的70%～90%。这几种萜类物质在鲜烟叶中的含量如图7-15所示，α-西柏三烯二醇的含量较高，是β-西柏三烯二醇的5倍左右，香紫苏醇、顺冷杉醇与β-西柏三烯二醇的含量相当。

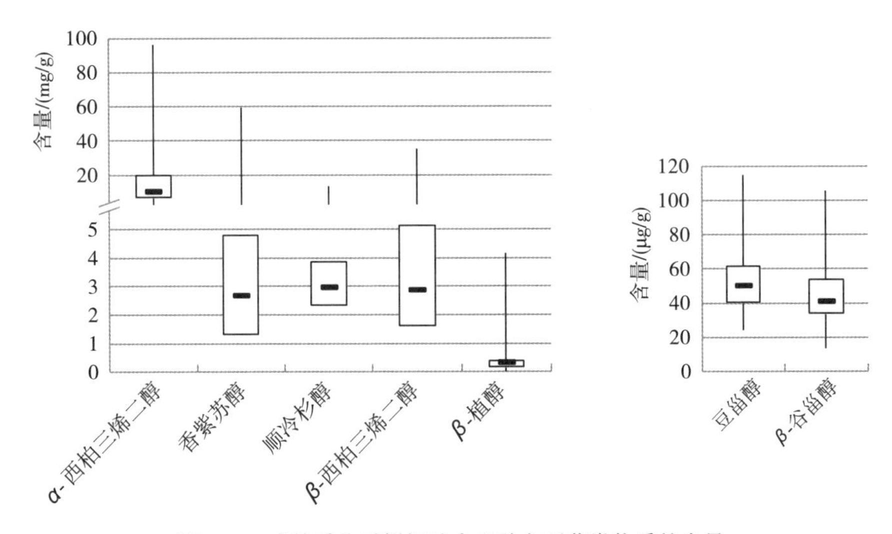

图7-15　成熟采收时鲜烟叶中几种主要萜类物质的含量

几种主要萜类物质在不同风格区鲜烟叶中的含量对比如图7-16所示，西柏三烯二醇、香紫苏醇等在Ⅵ区鲜烟叶中的含量相对较高，在其他各区的差异不明显；顺冷杉醇在Ⅳ区烟叶中的含量相对较高，其次是Ⅰ区和Ⅷ区，在Ⅵ区的含量较低；植醇Ⅷ区鲜烟叶中的含量较高，其次是Ⅵ区，其他各区的含量较低；谷甾醇在Ⅰ区鲜叶中的含量较高，在Ⅲ区、Ⅳ区、Ⅴ区的含量较低；豆甾醇在Ⅰ区、Ⅷ区的含量较低，Ⅱ区、Ⅳ区、Ⅴ区的含量相对较高，与甾醇脂和甾醇糖脂在各区的含量对比较为一致，同时豆甾醇与谷甾醇在各区的含量对比呈现明显的负相关，与其底物-产物的关系一致。

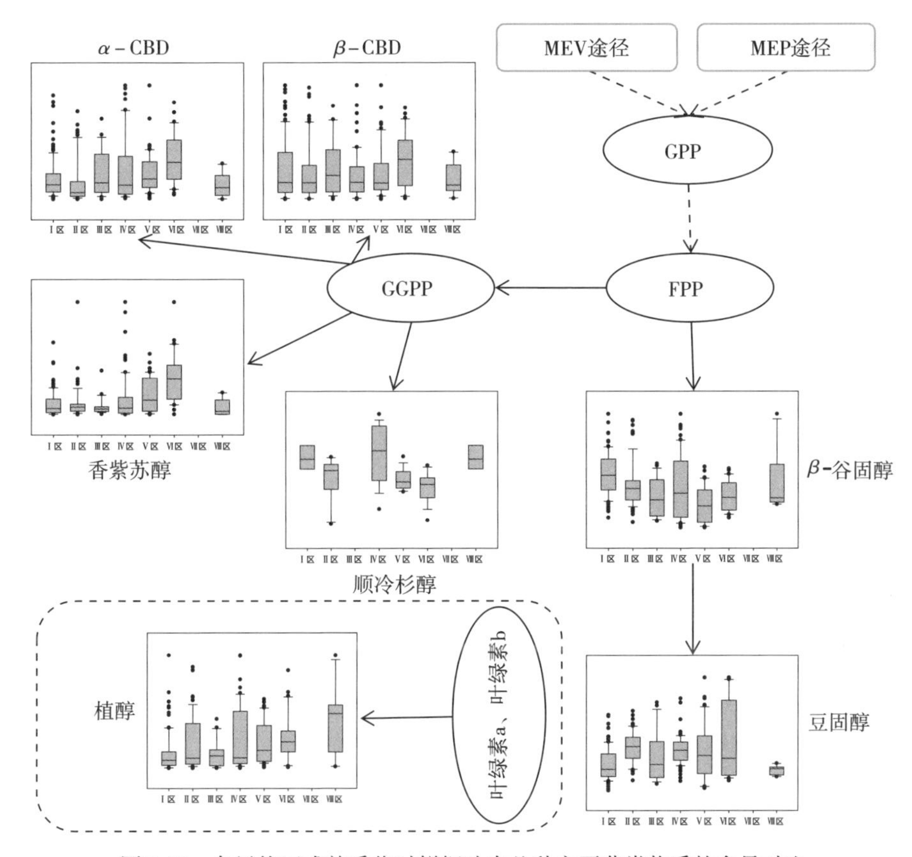

图7-16　各风格区成熟采收时鲜烟叶中几种主要萜类物质的含量对比

注：Ⅰ～Ⅷ区依次为清甜香型、蜜甜香型、醇甜香型、焦甜焦香型、焦甜醇甜香型、清甜蜜甜香型、蜜甜焦香型、木甜香型产区；α-CBD—α-西柏三烯二醇；β-CBD—β-西柏三烯二醇；GGP—牻牛儿基焦磷酸；GGPP—牻牛儿基牻牛儿基焦磷酸；FPP—法呢基焦磷酸。

第二节　八大香型风格区烤烟烟叶代谢特征

鲜烟叶中代谢物的积累在不同风格区具有明显的差异与特点，是烤烟不同香味风格形成的重要物质基础。多酚、生物碱、游离氨基酸等与烤后烟叶的化学特征具有一定的一致性，因此在鲜烟叶中的这类物质对烤烟品质的影响更为直接，而烤烟中的淀粉、糖、部分香气物质等则是鲜烟叶中的淀粉、植物色素、脂质、脂肪酸等降解而来，受烘烤调制的影响较大，从这方面来讲烤前鲜烟叶与烤后烟叶的香味品质是一种间接的关系。结合鲜烟叶中淀粉、总糖、总植物碱等的测定结果，八大香型风格区鲜烟叶的代谢特征简要总结如下。

Ⅰ区：成熟期的温度较低，有利于淀粉积累而不利于可溶性糖积累，因此糖含量较低，总糖2.25%±0.27%，还原糖1.18%±0.52%；总植物碱（1.86%±0.38%）含量较低，假木贼碱含量低；钾（1.28%±0.36%）含量较低；多酚物质总量中等，芸香苷含量较高；甾醇、豆甾醇含量低，谷甾醇含量高；色素含量较高；有机酸含量较低。

Ⅱ区：糖含量居中，总糖3.56%±0.35%，还原糖2.27%±0.53%；总植物碱（2.32%±0.27%）含量中等，钾（1.70%±0.38%）含量中等；多酚物质总量中等；γ-氨基丁酸含量较高。

Ⅲ区：糖含量较低，总糖2.24%±0.23%，还原糖1.24%±0.38%；总植物碱（2.20%±0.35%）含量中等；钾（1.43%±0.27%）含量较低；多酚物质，水仙苷含量较高；γ-氨基丁酸、甘氨酸、谷氨酸含量较高。

Ⅳ区：糖含量较低，总糖2.52%±0.37%，还原糖1.22%±0.64%；总植物碱（2.88%±0.22%）含量较高，烟碱、降烟碱含量高；钾（0.80%±0.30%）含量显著较低，多酚物质总量较低，芸香苷含量较低；色素含量较低；有机酸含量较低。

Ⅴ区：糖含量中等，总糖3.24%±0.27%，还原糖1.93%±0.50%；总植物碱（2.74%±0.14%）含量较高，烟碱、降烟碱较高；钾（1.78%±0.23%）含量中等；γ-氨基丁酸、甘氨酸、谷氨酸含量较低；色素含量较低；多酚物质，芸香苷含量较低。

Ⅵ区：糖含量较高，总糖3.97%±0.18%，还原糖2.95%±0.26%；总植物碱（2.20%±0.32%）含量中等；钾（2.79%±0.15%）含量较高；多酚物质总量较高，芸香苷含量较高；甘氨酸、谷氨酸含量较低，天冬氨酸、丝氨酸含量较高；谷甾醇、豆甾醇含量较高；有机酸含量较高。

Ⅶ区：糖含量（所测得的糖类代谢物总和）中等；多酚物质总量较低，芸香苷和水仙苷含量较低；生物碱，烟碱、降烟碱含量较高；豆甾醇含量较高。

Ⅷ区：糖含量（所测得的糖类代谢物总和）较高；多酚物质总量居中，水仙苷含量较低；生物碱、烟碱含量较低，可替宁含量较高。

参考文献

［1］ 陈颐，鲁康兴，周彬，等．施氮量和留叶数互作对红大鲜烟叶素质及产量的影响［J］，江苏农业科学，2018，46（19）：80－84.

［2］ 杜咏梅，郭承芳，张怀宝，等．水溶性糖、烟碱、总氮含量与烤烟吃味品质的关系研究［J］．中国烟草科学，2000，（1）：7–10.

［3］ 林翔云．调香术［M］．北京：化学工业出版社，2013：3–17.

［4］ 刘培玉．不同生态区烤烟基因型间烟叶主要致香物质含量的差异分析［D］．郑州：河南农业大学，2010.

［5］ 沈丹红，路鑫，常玉玮，等．高效液相色谱–紫外/质谱检测法联合测定新鲜烟叶中的25种酚类物质［J］．色谱，2014，32（1）：40–46.

［6］ 宋正熊，朱列书，尹佳，等．低温胁迫对烟草幼苗生化指标的影响及相关性分析［J］．江西农业学报，2014，26（2）：99–101.

［7］ 苏德成．中国烟草栽培学［M］．上海：上海科学技术出版社，2005：3–5.

［8］ 唐远驹．关于烤烟香型问题的探讨［J］．中国烟草科学，2011，32（3）：1–7.

［9］ 王万能，项钢燎，翟羽晨，等．烤烟烟叶烘烤中蛋白质的降解动态变化规律研究［J］．浙江农业学报，2017，29（12）：2120－2127.

［10］ 王彦亭，谢剑平，李志宏，等．中国烟草种植区划［M］．北京：科学出版社，2010：75–81.

［11］ 徐晓燕，孙五三．烟草多酚类化合物的合成与烟叶品质的关系［J］．中国烟草科学，2003，（1）：3–5.

［12］ 杨金汉，张连根，陈宗瑜，等．不同生态区烤烟δ^{13}C值与光合色素及化学成分的关系［J］．中国农学通报，2014（31）：100–107.

［13］ 张红．朱尊权．［M］．北京：中央文献出版社，2004：127–137.

［14］ 张槐苓，葛翠英，穆怀静，等．烟草分析与检验［M］．郑州：河南科学技术出版社，1994.

［15］ 郑璞帆．陕南地区不同成熟度烟叶生理特性和烤后品质研究［D］．咸阳：西北农林科技大学，2017.

[16] 郑庆霞，刘萍萍，陈千思，等．气相色谱-串联质谱检测新鲜烟叶中的萜类成分[J]．烟草科技，2019，52（7）：61-68．

[17] 郑州烟草研究院（国家烟草基因研究中心），中科院大连化学物理研究所．中国烟草总公司基因组计划重大专项项目“典型香型烟草品质形成的代谢特征研究”技术报告[R]．郑州：国家烟草专卖局，2017．

[18] 郑州烟草研究院．中国烟草总公司科技重点项目“蛋白质和游离氨基酸在烟叶质量评价中的应用及主要影响因素研究”技术报告[R]．郑州：国家烟草专卖局，2018．

[19] 周冀衡，王勇，邵岩，等．产烟国部分烟区烤烟质体色素及主要挥发性香气物质含量的比较[J]．湖南农业大学学报（自然科学版），2005，31（2）：128-132．

[20] Christie P J, Alfenito M R, Walbot V. Impact of low temperature stress on general phenylpropanoid and anthocyanin pathways: enhancement of transcript abundance and anthocyanin pigmentation in maize seedlings [J]. Planta, 1994, 194(4): 541-549.

[21] Dixon R A, Paiva N L. Stress-Induced phenylpropanoid metabolism [J]. Plant Cell, 1995, 7(7): 1085-1097.

[22] Francisca Ortega-Garci, Juan Peragon, The response of phenylalanine ammonia-lyase, polyphenol oxidase and phenols to cold stress in the olive tree (Olea europaea L. cv. Picual) [J]. J Sci Food Agric, 2009, 89(9): 1565-1573.

[23] Javanmardi J, Stushnoff C, Locke E, et al. Antioxidant activity and total phenolic content of Iranian Ocimum accessions [J]. Food Chemistry, 2003, 83(4): 547-550.

[24] Li Lili, Lu Xin, Zhao Jieyu, et al. Lipidome and metabolome analysis of fresh tobacco leaves in different geographical regions usingliquidchromatography-massspectrometry [J]. AnalBioanalChem, 2015, 407(17): 5009-5020.

[25] Zhao Yanni, Zhao Chunxia, Lu Xin, et al. Investigation of the Relationship between the Metabolic Profile of Tobacco Leaves in Different Planting Regions and Climate Factors Using a Pseudotargeted Method Based on Gas Chromatography/Mass Spectrometry [J]. Journal of Proteome Research, 2013, 12 (11): 5072-5083.